机械制图及习题集

（二）

主 编 樊振旺 王兴华

电子科技大学出版社

图书在版编目（CIP）数据

机械制图及习题集 / 樊振旺，王兴华主编. —成都：电子科技大学出版社，2007. 8

ISBN 978-7-81114-611-0

Ⅰ. 机… Ⅱ. ①樊…②王… Ⅲ. 机械制图—高等学校：技术学校—教学参考资料 Ⅳ. TH126

中国版本图书馆 CIP 数据核字（2007）第 128079 号

内 容 提 要

本习题集的习题内容安排由浅入深，难易适度，有利于学生巩固课堂中学到的基本概念和基本作图方法，以此提高学生的读图、绘图的能力。

本习题集适用于近机、非机械类职业院校的相关专业使用，也适合于其他专业工程技术人员学习制图时选用或参考。

机械制图及习题集（二）

主 编 樊振旺 王兴华

出 版： 电子科技大学出版社（成都市一环路东一段 159 号电子信息产业大厦 邮编：610051）
策划编辑： 刘 军
责任编辑： 张 鹏
主 页： www.uestcp.com.cn
电子邮件： uestcp@uestcp.com.cn
发 行： 新华书店经销
印 刷： 成都嘉华印业有限公司
成品尺寸： 185mm×260mm **印张** 6.25 **字数** 147 千字
版 次： 2007 年 8 月第一版
印 次： 2007 年 8 月第一次印刷
书 号： ISBN 978-7-81114-611-0
定 价： 35.00 元（共两册）

◆ 邮购本书请与本社发行部联系。电话：（028）83202323，83256027，83208003。
◆ 本书如有缺页、破损、装订错误，请寄回印刷厂调换。
◆ 课件下载在我社主页“下载专区”。

前　　言

本习题集是根据职业教育《机械制图及习题集（一）》非机械类教学大纲的基本要求，在总结多年教学经验的基础上编写而成的，与樊振旺、王兴华主编的《机械制图及习题集（一）》教材（电子科技大学出版社出版）配套使用。

本习题集力求满足职业教育各类高、中机械专业制图练习的需要，并能结合相关专业课程的特色，选题遵循由浅入深、先易后难、循序渐进、逐步深入的认识规律，从不同的角度编写了一些形式多样的练习题，且强化实践环节，以提高学生绘图、读图的能力。

本习题集由太原科技大学运城工学院王兴华和山西水利职业技术学院樊振旺担任主编，太原科技大学运城工学院王爱霞、山西省临汾市技工学校马明担任副主编，参加编写的还有樊红斌、邢芳、邢胜宅、秦朝阳等。

由于水平有限，时间仓促，难免有一些缺点和错误，恳请广大读者勘正。

编　者

2007 年 8 月

目 录

中文字练习

箱体座齿轮蜗杆螺母钉键销滚动轴承支架弹簧油泵球阀钢

锥斜度技术要求拉钩工作原理序号名称材料件数备注代号

制图工学院机械系材料自控无线电计算机钢冶管理工程热能应用采矿筑建交通运输

1-1 字体练习（续）

班级　　　　姓名

数字练习

1 2 3 4 5 6 7 8 9 0 R φ

字母及数字练习

ABCDEFGHIJKLMNOPQRSTUVWXYZ

abcdefghijklmnopqrstuvwxyz

2×45° Φ65f6 M24-5g 4-Φ9 78±0.050 Φ48H6/m5 2:1 $\Phi25\frac{H7}{k6}$

1-2　图线练习　　　　班级　　　　姓名

过各等分点分别作各种图线的水平线、垂直线。

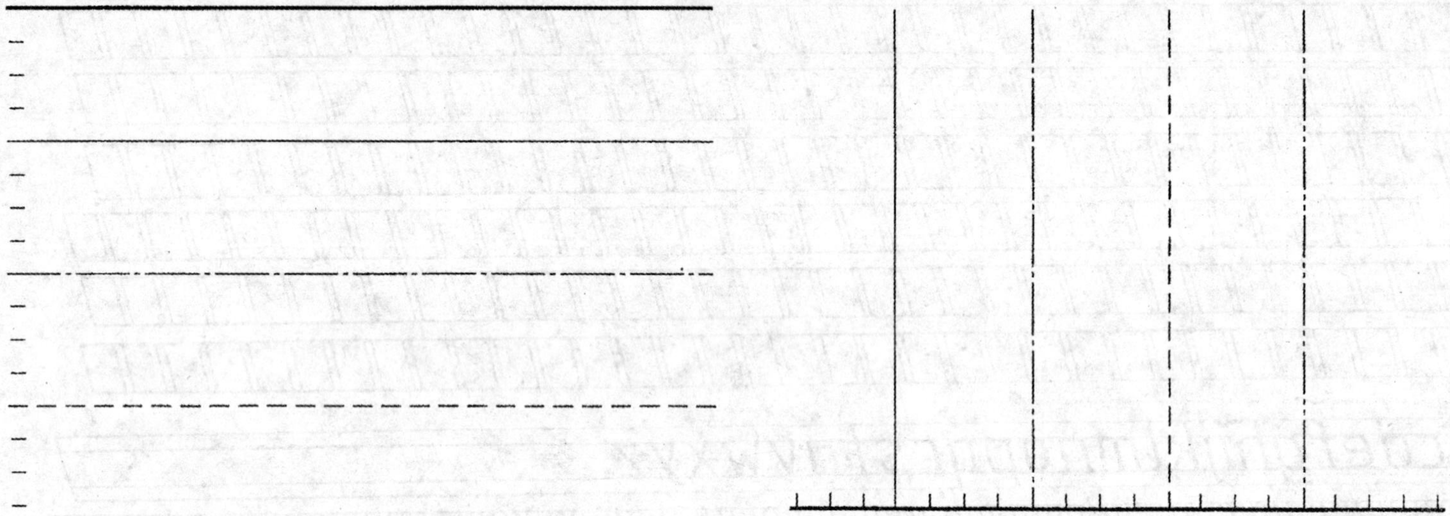

过圆心分别作 $\phi 25$ 的粗实线圆（相切）。

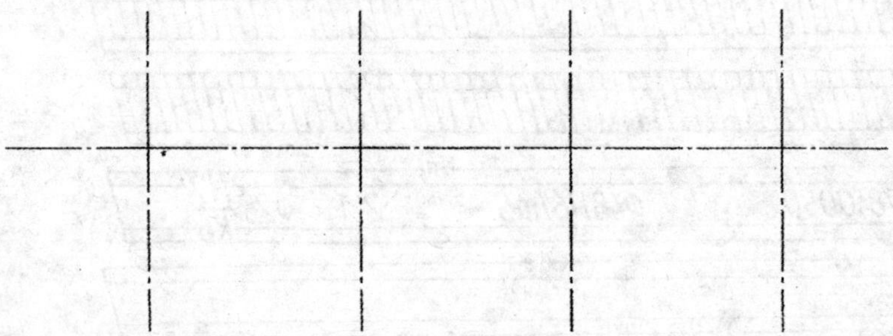

在框内画 45°细实线。

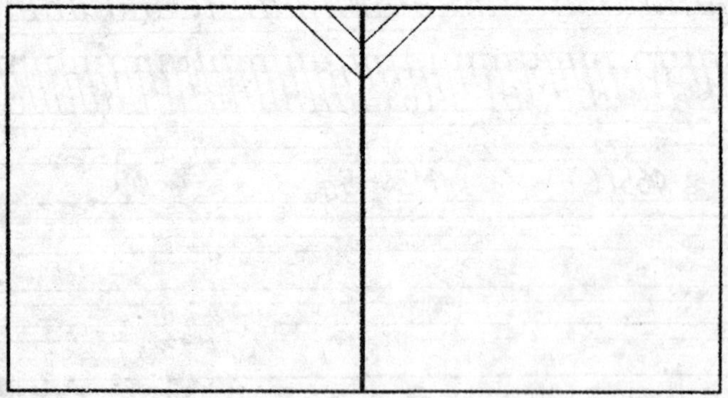

1-3 尺寸注法练习

班级　　　　　　　　姓名

检查各图中尺寸标注的错误，并用正确的方法标注在下图中。

(1)

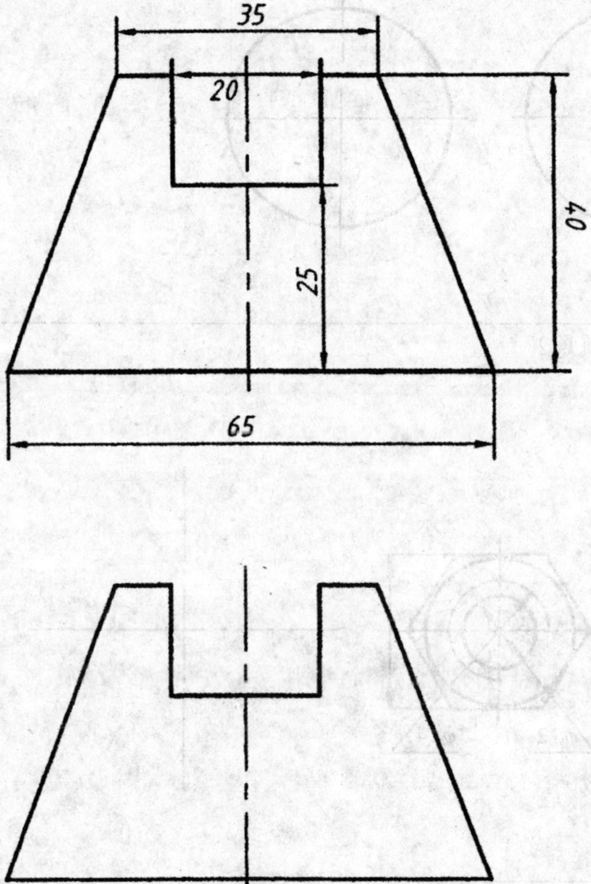

(2)

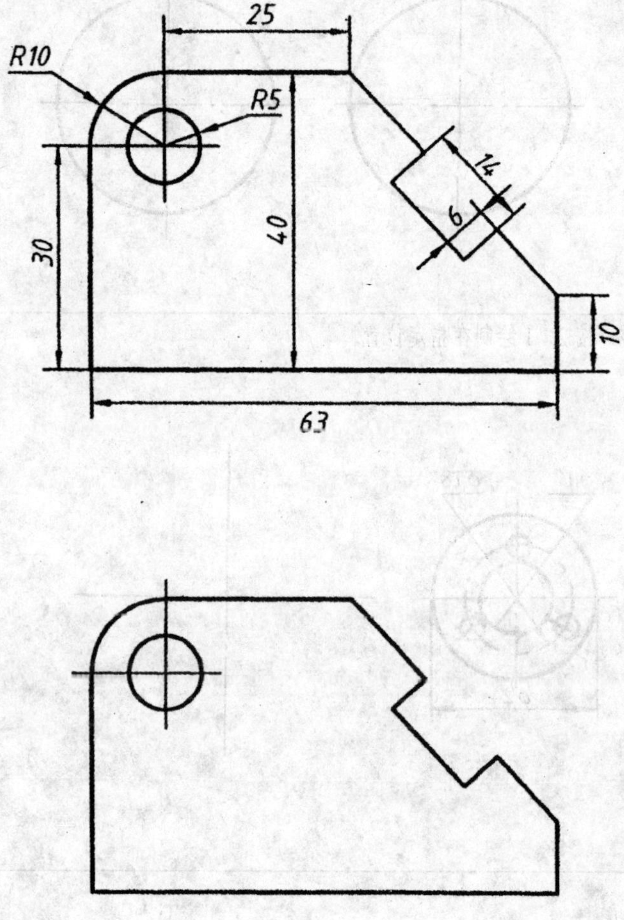

1. 将已知圆分别改画为顶角在竖向中心线上的内接正六边形及五边形和七边形。

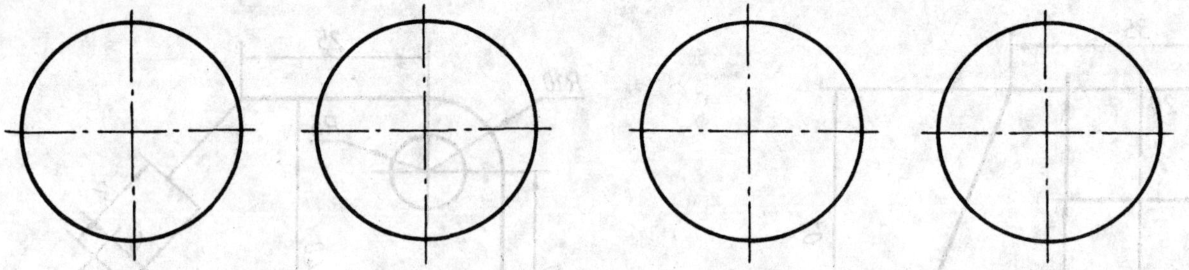

2. 根据已知图形，按 2∶1 绘制在指定位置。

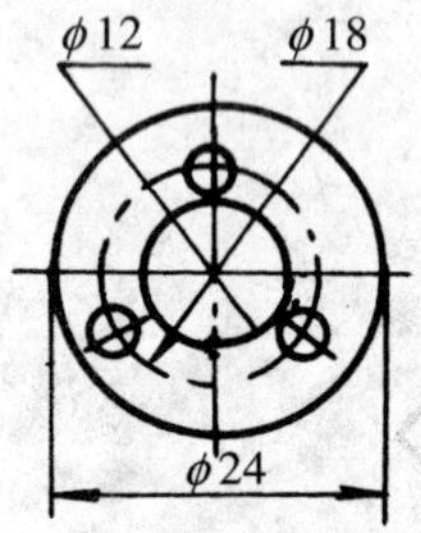

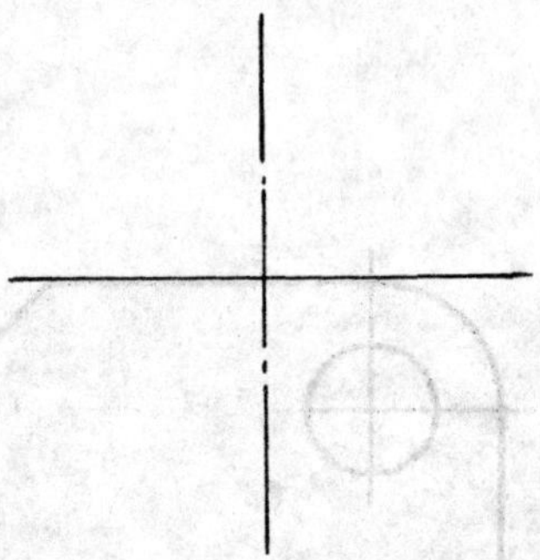

3. 要求同本页题 2。

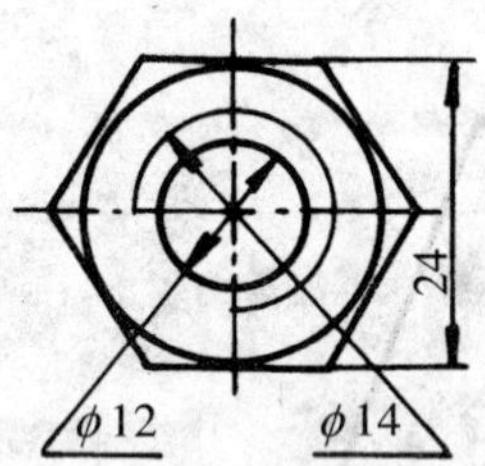

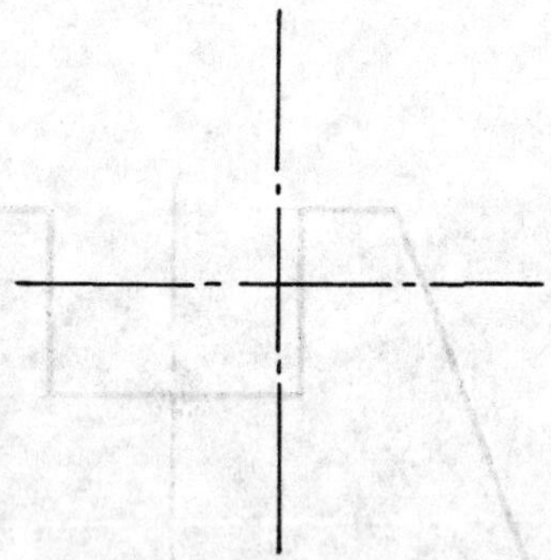

1. 按规定的斜度和锥度补画下列图形中的图线。

(1)

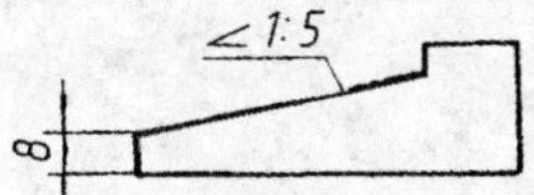

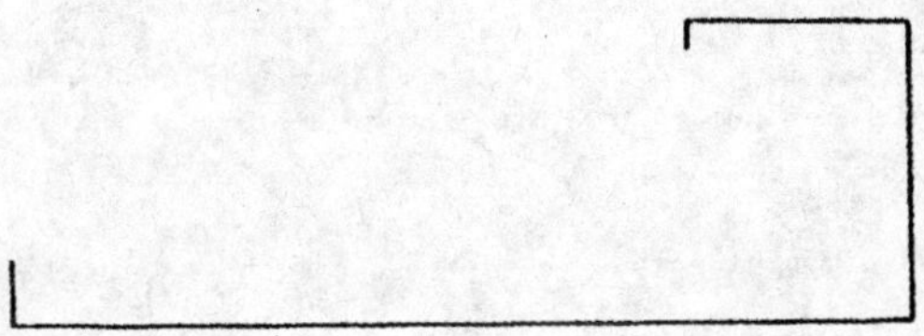

(2)

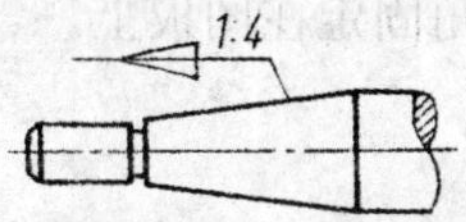

2. 按 1:1 抄绘下图。

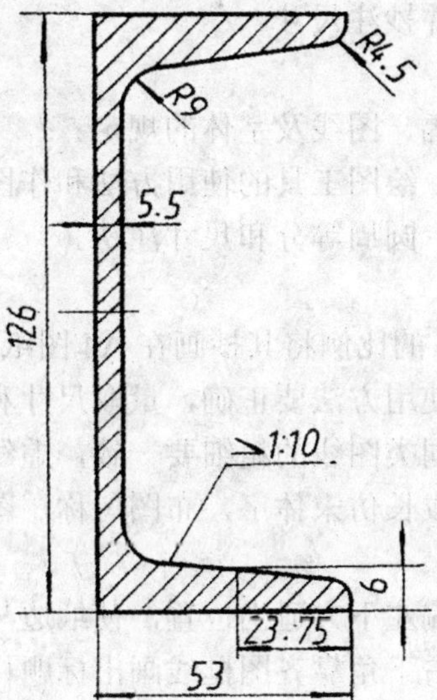

图名：图线及尺寸

图幅：A4

比例：1:1

一、作业内容

抄画图线（图形），并抄注尺寸。

二、作业目的

1. 熟悉制图标准的图幅、图线及字体的规定。
2. 初步掌握绘图仪器、绘图工具的使用方法和作图方法。
3. 初步掌握图线画法、圆周等分和尺寸注法。

三、作业要求

1. 按照图上尺寸用 1:1 的比例将其抄画在 A4 图纸上，并标注尺寸。
2. 绘图仪器、工具的使用方法要正确，量取尺寸和等分要精确。
3. 图线要浓淡一致，同类图线的粗细要一致，虚线、点划线的长短、间隔要一致。
4. 字体工整，汉字写成长仿宋体字，布图匀称，图面整洁。

四、作业指示

1. 将图纸横放在图板偏左下方适当位置，使纸边与丁字尺的尺边平行后，用胶带纸将图纸四角固定在图板上。
2. 画出图框线，并在右下角靠齐图框线画出标题栏。
3. 布置图形，画出对称中心线、基准线、端面线等。图面布置要注意匀称、美观。
4. 按图中尺寸用 H（或 2H）铅笔画底稿，底稿线要画得轻、细、准。
5. 严格遵守国家标准《机械制图》的有关规定，正确绘制各种图线和标注尺寸。
6. 图中 45°细斜线剖面线之间的间隔距离应一致。
7. 画完底稿经检查无误后，按图线标准描深，并标注尺寸，最后填写标题栏。
8. 描深时，应先描深圆或圆弧，再描深直线，为使直线和弧的浓淡一致，加深圆或圆弧时，可换较软一级的铅芯。细线可一次性准确画出，不重描。
9. 标题栏中的图名和校名建议用 7 号字，其余均为 5 号字。为使字体整齐、匀称、美观，可先打好格子，写完字后再用橡皮擦去格子。

1-6 图线及尺寸（续）（按 1:1 绘制下列图形） 班级 姓名

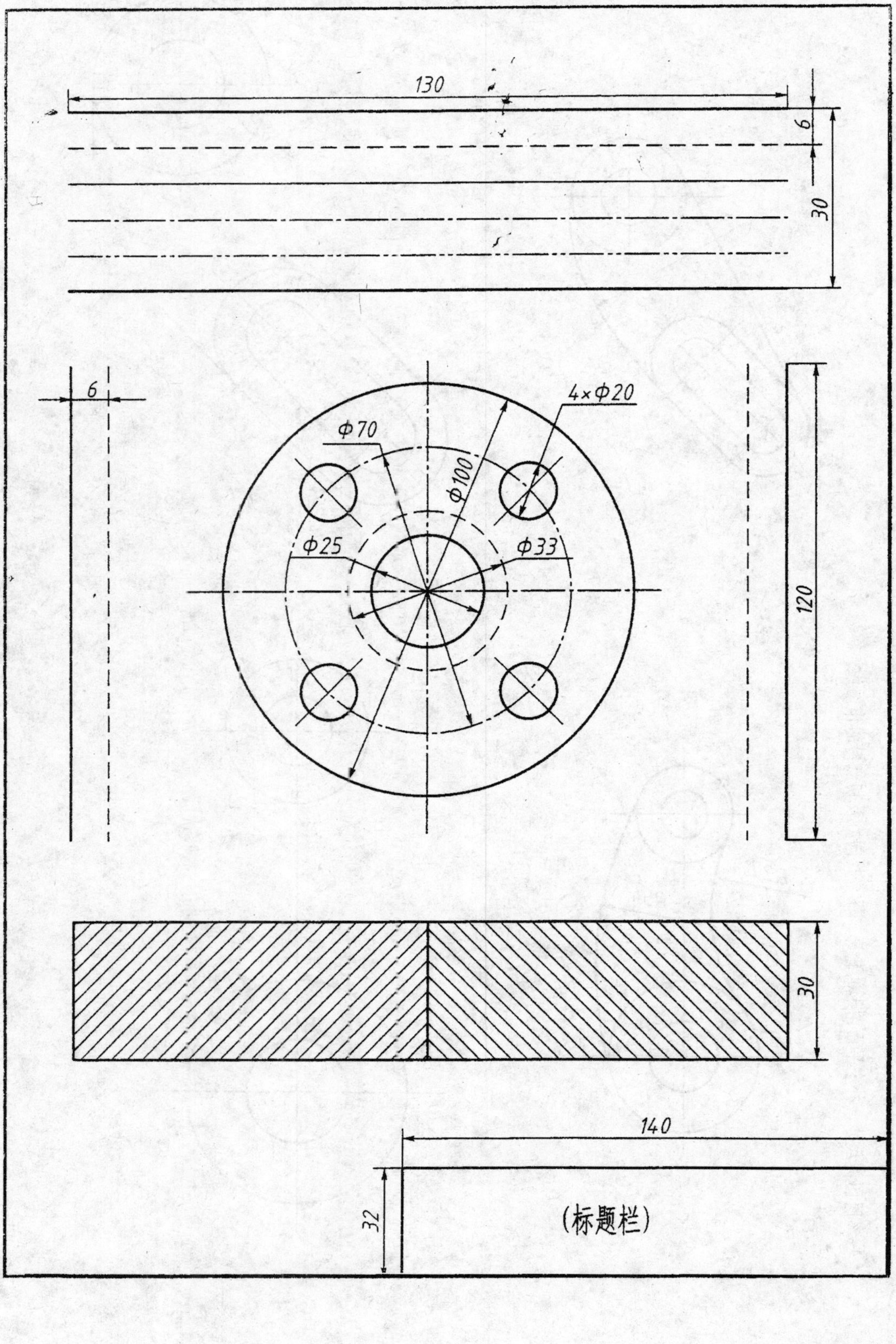

参照图例尺寸，补全平面图形的轮廓，保留找圆心及切点时的作图线。

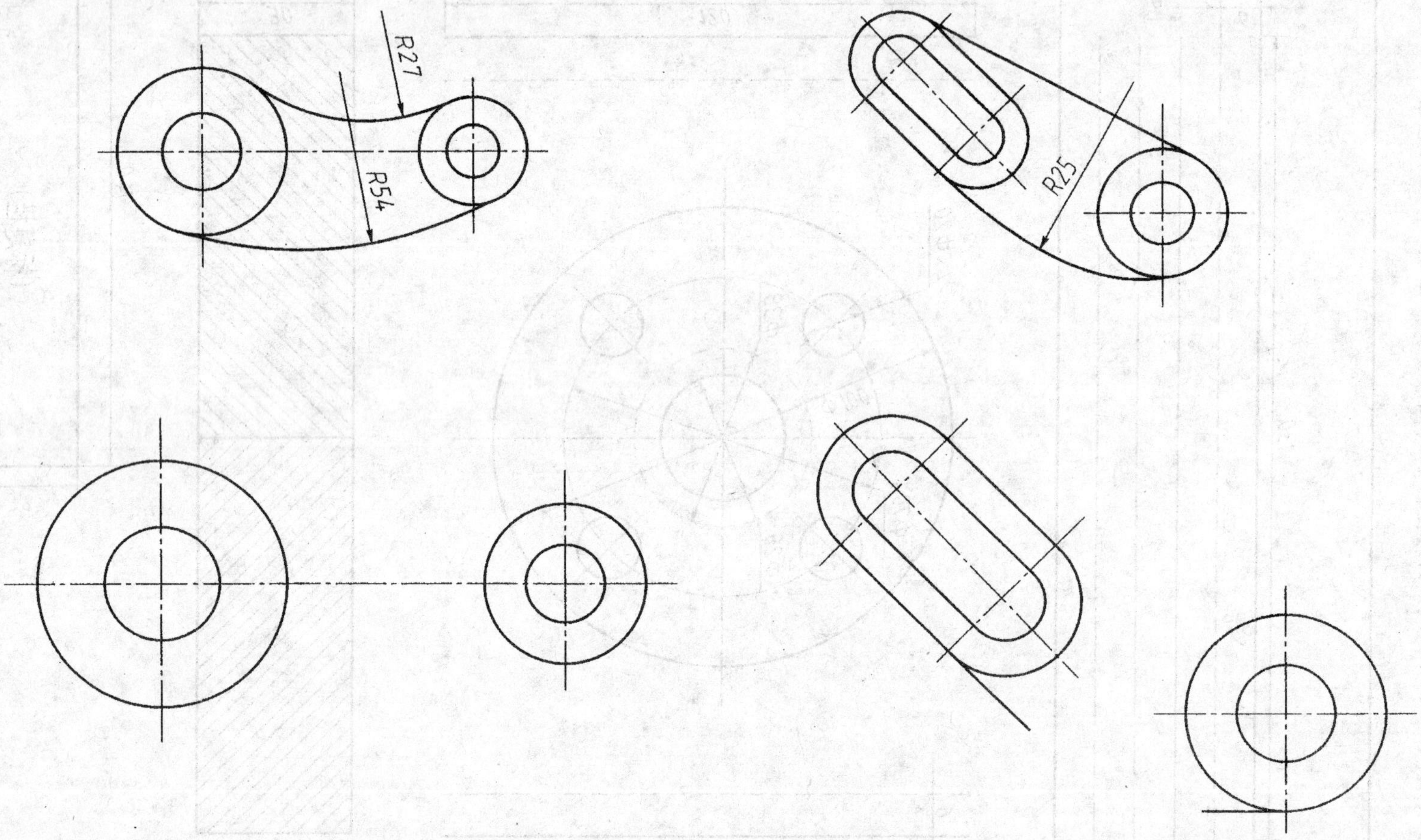

在指定位置抄画如下图形，比例 1:1。

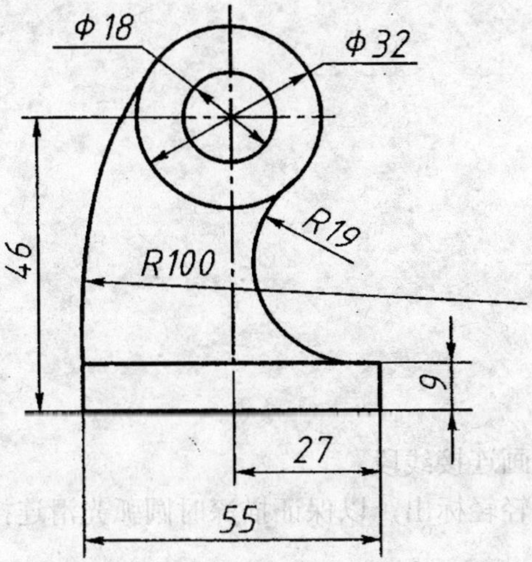

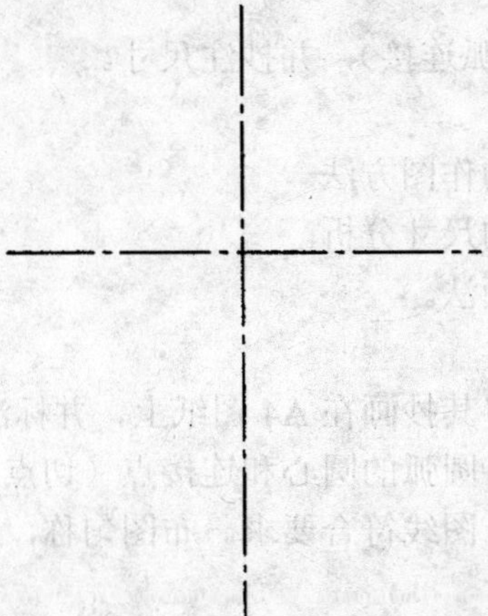

图名：平面图形

图幅：A4

一、作业内容

画平面图形（圆弧连接），并抄注尺寸。

二、作业目的

1. 熟悉圆弧连接的作图方法。
2. 学习平面图形的尺寸分析。
3. 初步掌握图线画法。

三、作业要求

1. 按照图上尺寸将其抄画在 A4 图纸上，并标注尺寸。
2. 正确定出图上各圆弧的圆心和连接点（切点），光滑地连接各圆弧。
3. 尺寸标注正确，图线符合要求。布图匀称，图画整洁。

四、作业指示

1. 分析尺寸，确定圆弧连接中的已知线段并先画出，然后画出中间线段，最后画连接线段。
2. 底稿线要画得细而淡，圆心和连接点（切点）的位置要找正确，并在底稿中轻轻标出，以保证描深时圆弧光滑连接。
3. 底稿画完后，擦去多余线段，经检查无误后再描深。
4. 标注图形中的全部尺寸，尺寸标注应正确、清晰。
5. 图框格式、字体书写应符合标准要求。

1.

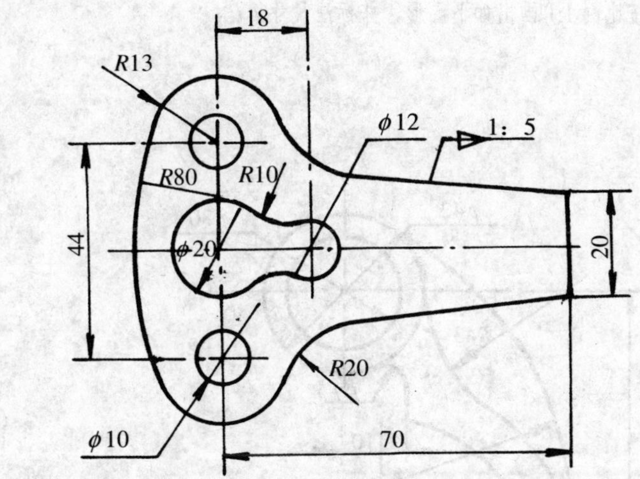

18
R13
ϕ12
1：5
R80
R10
44
ϕ20
20
R20
ϕ10
70

2.

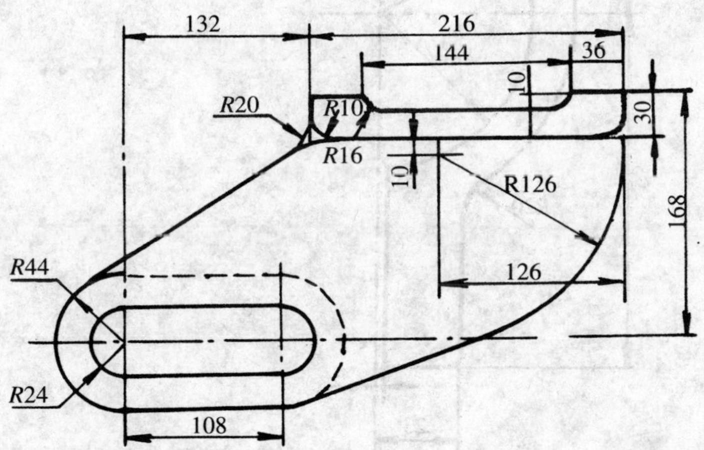

132
216
144
36
10
R20
R10
30
R16
10
R126
168
126
R44
R24
108

3.

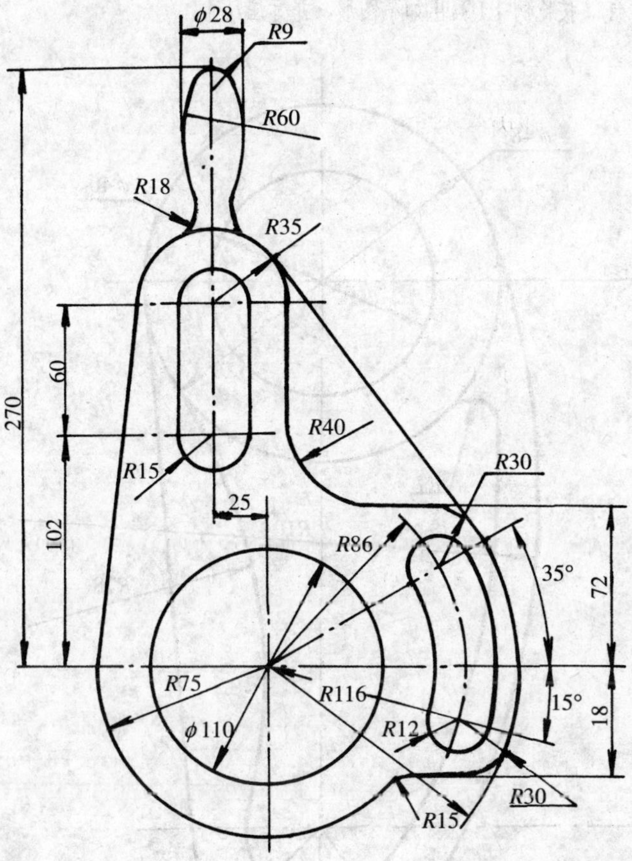

ϕ28
R9
R60
R18
R35
270
60
R40
R15
R30
25
102
R86
35°
72
R75
R116
15°
R12
ϕ110
18
R30
R15

1. 按比例 1:1 画出如下图形，并标注尺寸。

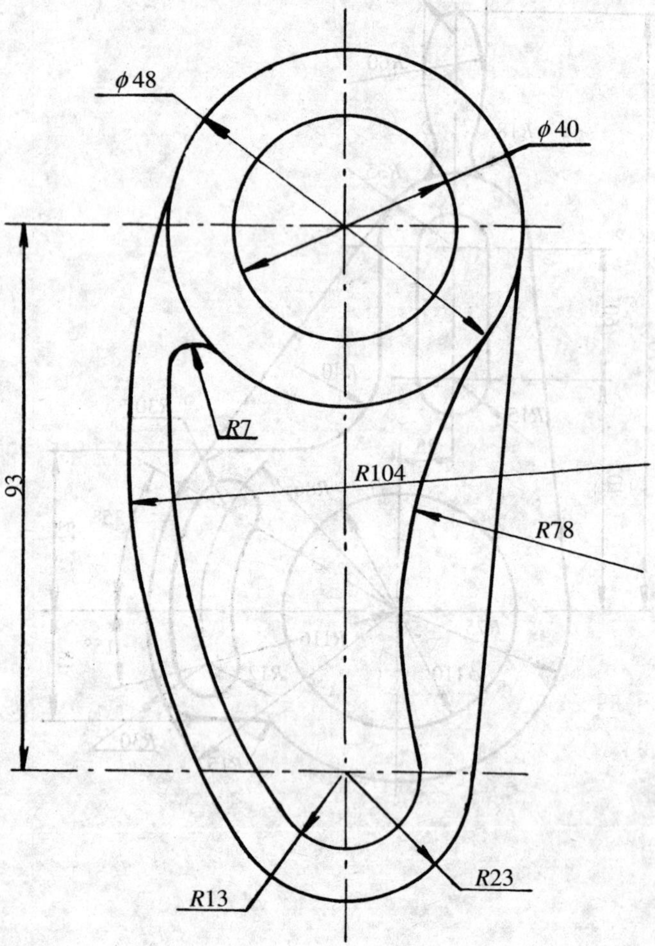

2. 按比例 1:1 画出如下图形，并标注尺寸。

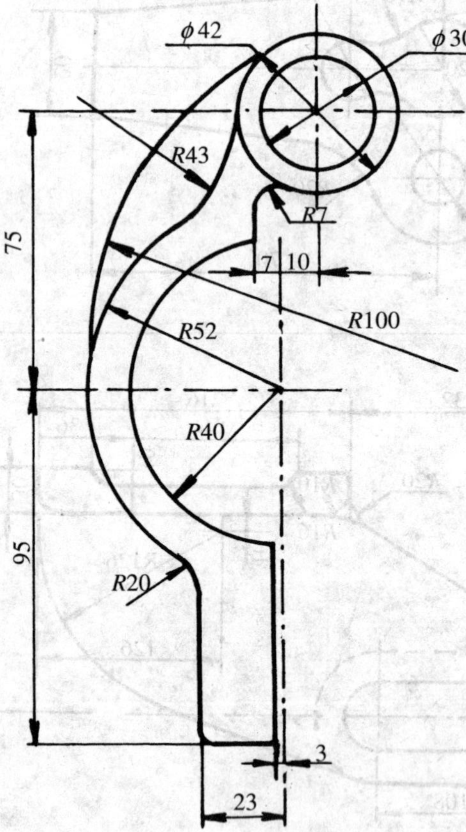

2-1 根据立体图找出相应的三视图

班级 姓名

1.

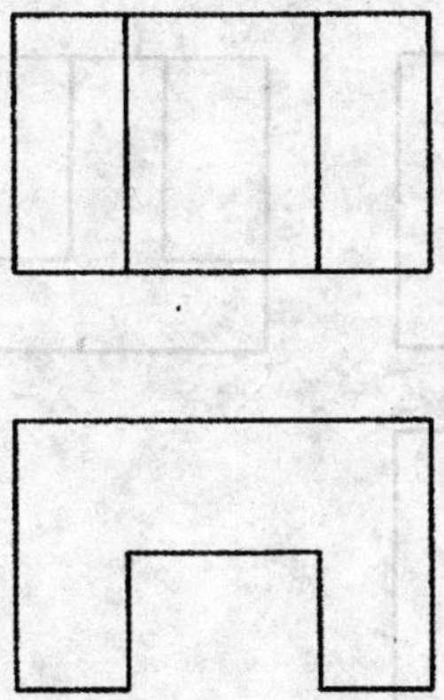

( )

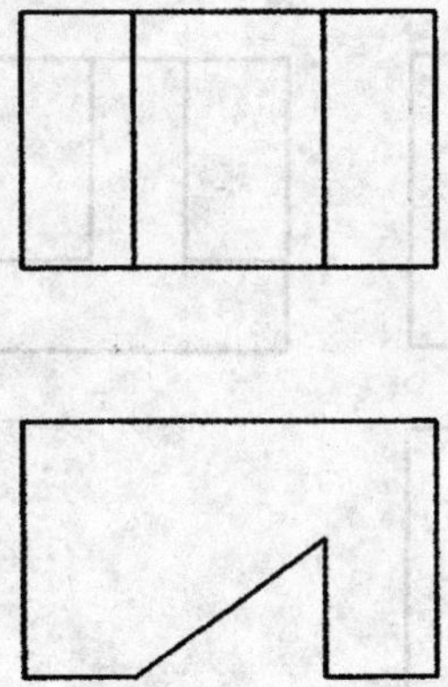

( )

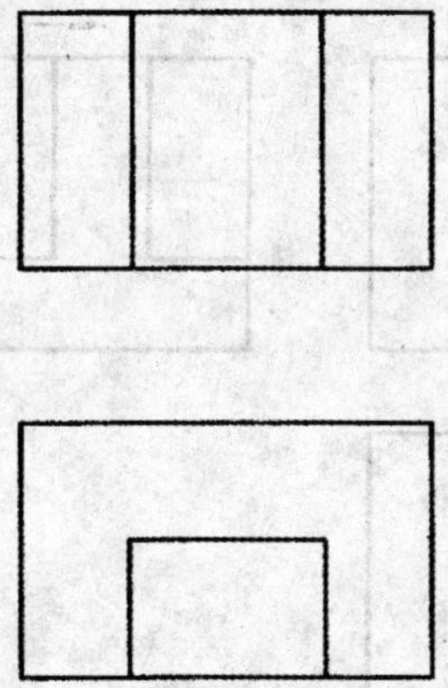

( )

(a)

(b)

(c)

2.

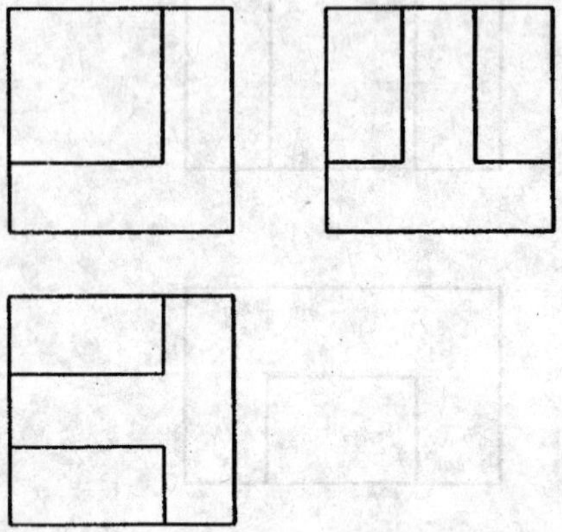

( )

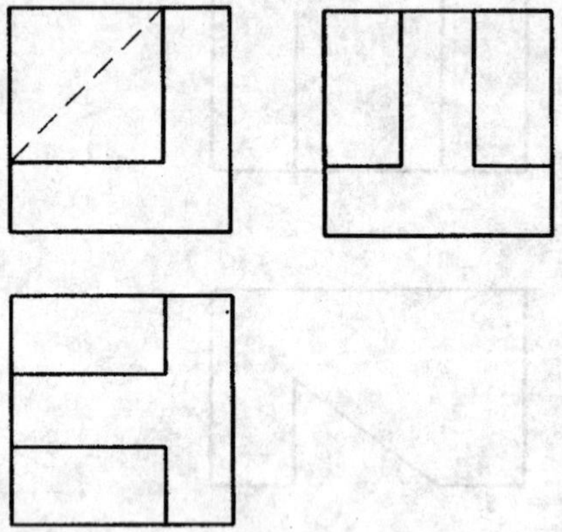

( )

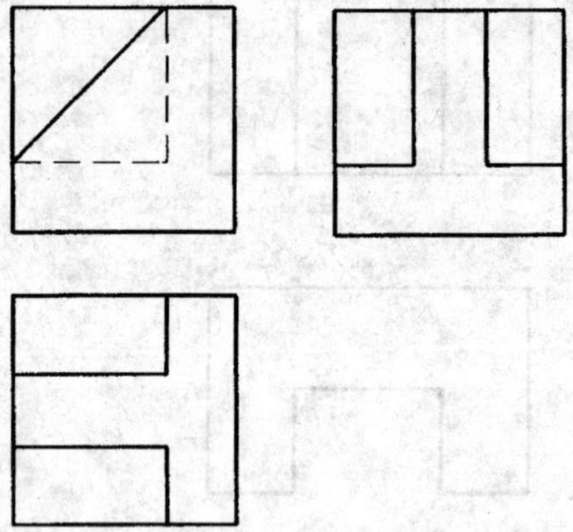

( )

(a)

(b)

(c)

2-2 根据立体图补画视图

班级　　　　姓名

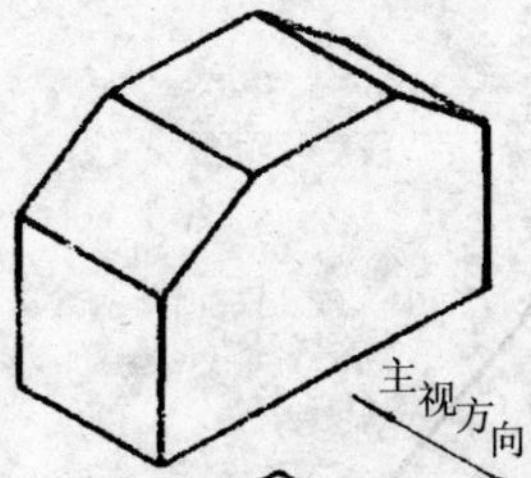

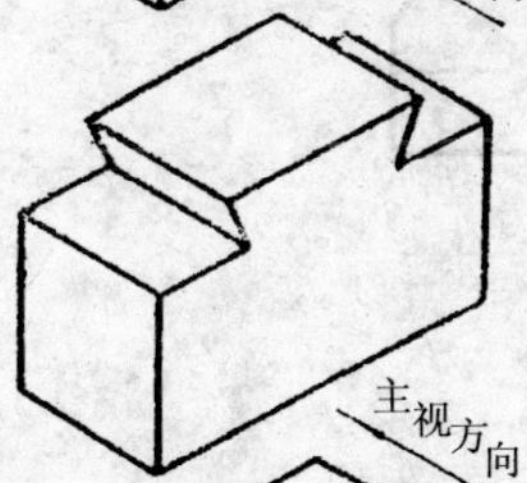

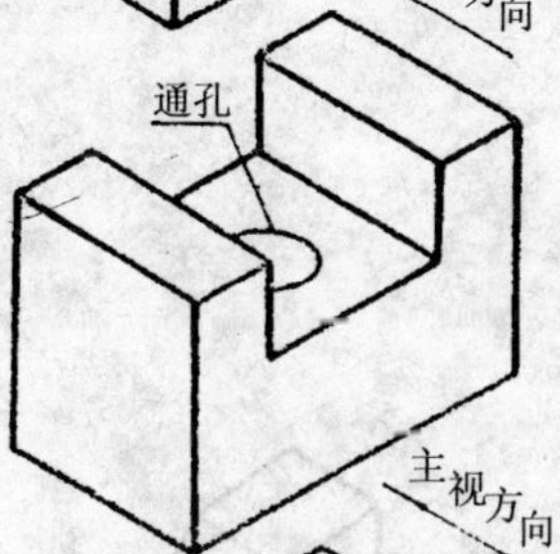

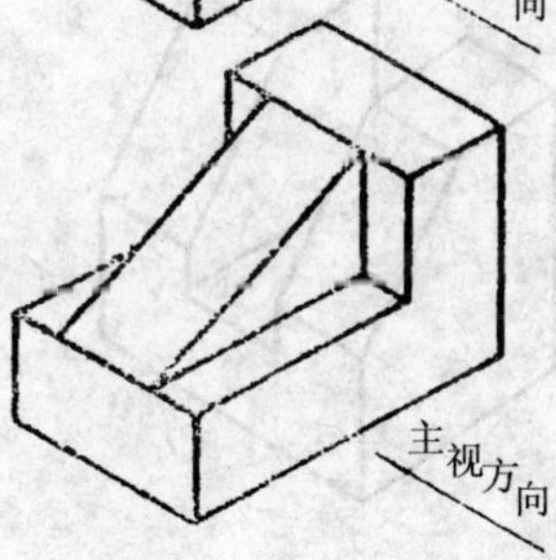

1.

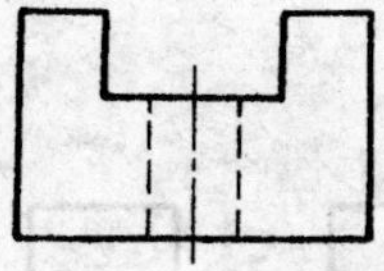

2.

3.

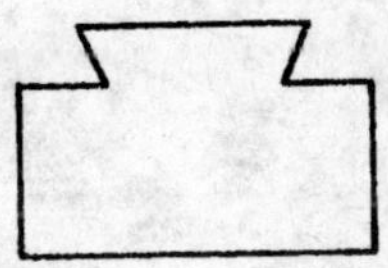

4.

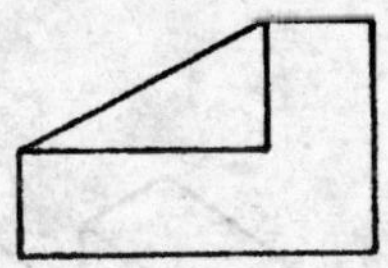

1.

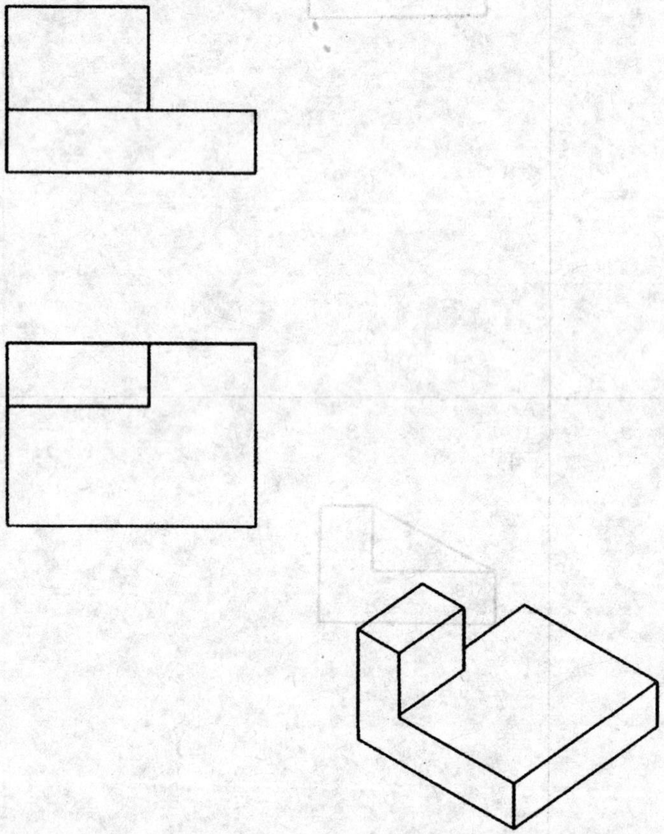

2.

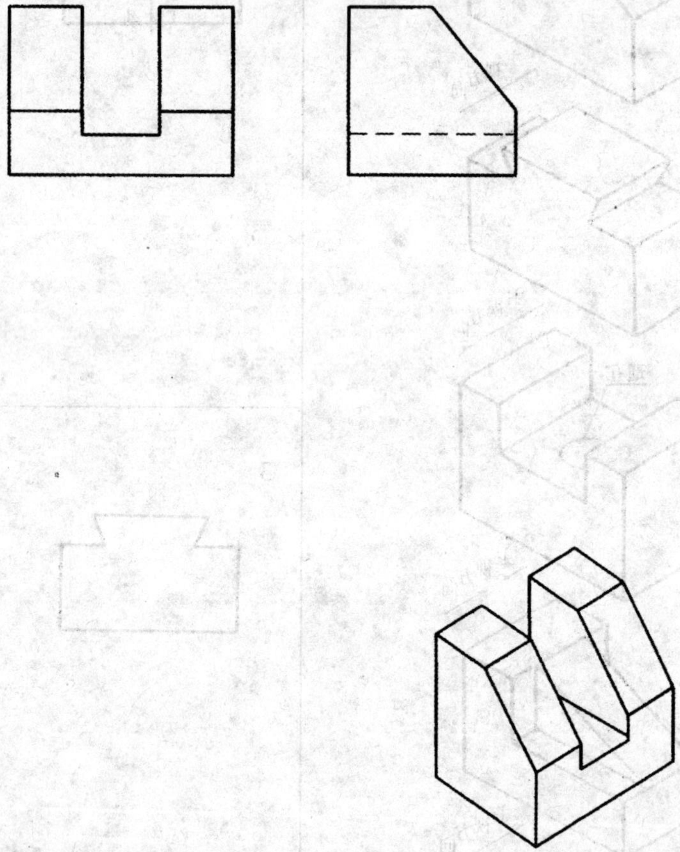

3.

4.

1.

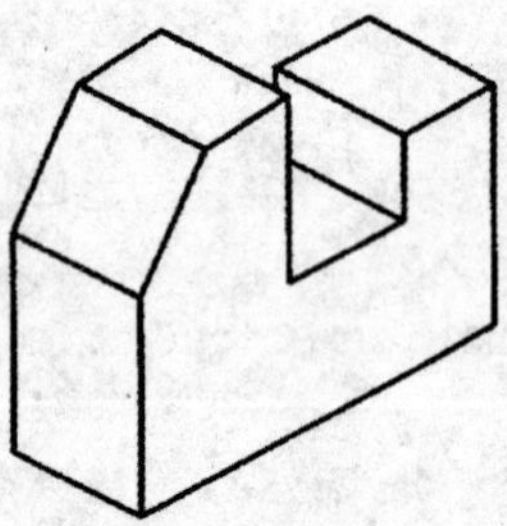

2.

3.

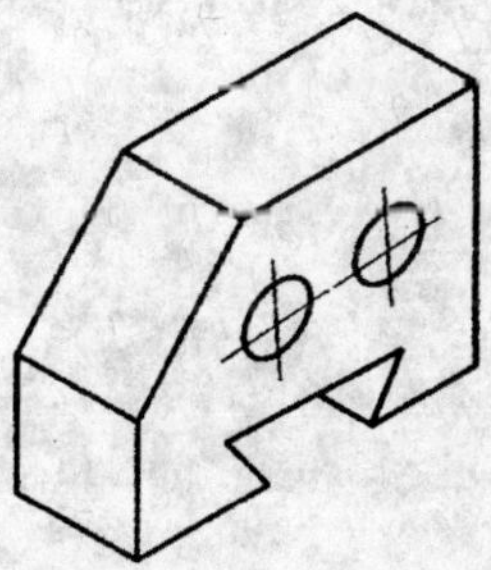

4.

2-3 根据立体图画三视图（续）

班级　　　　　　姓名

5.

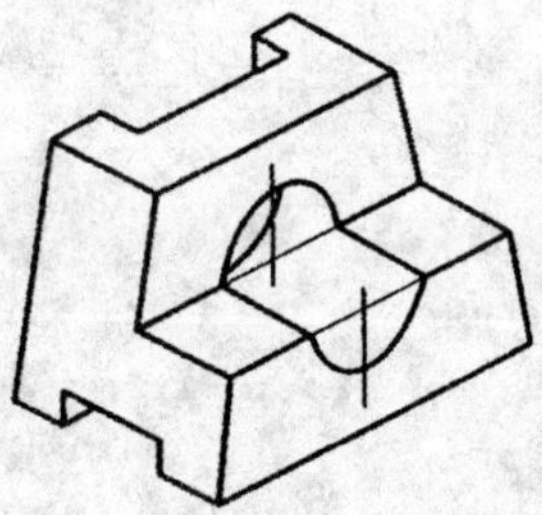

6.

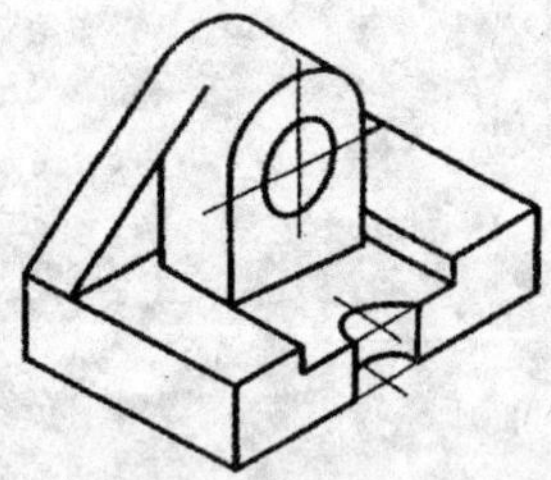

1.2. 根据点的坐标画点的三面投影，并填出各点离投影面的距离。

1. A（20，15，8）

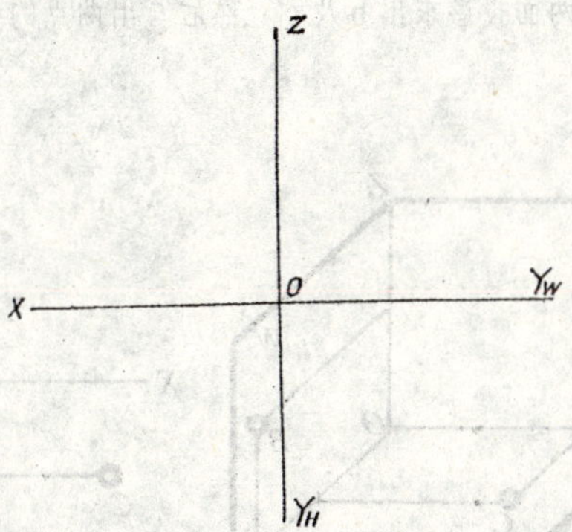

点 A 距 H 面________
距 V 面________
距 W 面________

2.（24，12，0）

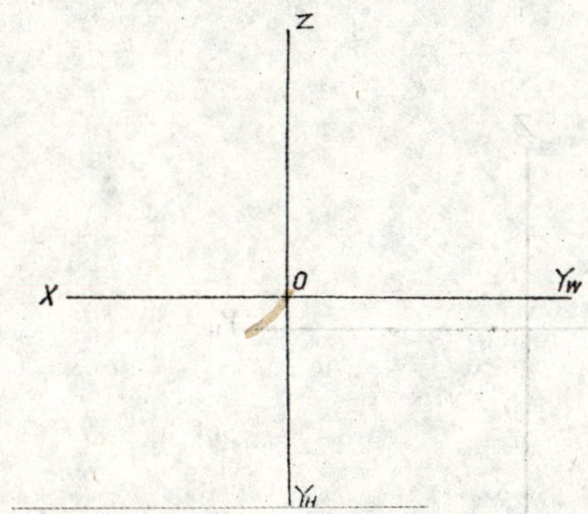

点 B 距 H 面________
距 V 面________
距 W 面________

3．已知点的两面投影，求第三投影，并量出各点的坐标。

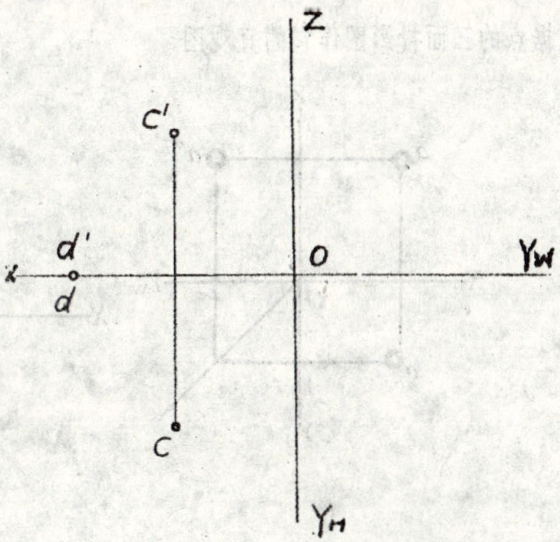

4.填空：

（1） 已知点的______或______可完成点的三面投影。

（2） 点的 V 面投影和____面投影的连线，垂直于 *OX* 轴；点的____面投影和____面投影的连线垂直于 *OZ* 轴。

（3） 图 2 中，当点 B 的 *Z* 坐标为 0 时，说明点 B 的空间位置在 H 面内，那么图 3 中，点 D 的 *Y*、*Z* 坐标均为 0 时，说明其空间位置在____上。

1. 已知点A距V面10mm、距H面15mm、距W面18mm,求作它的三面投影图，并写出其坐标。

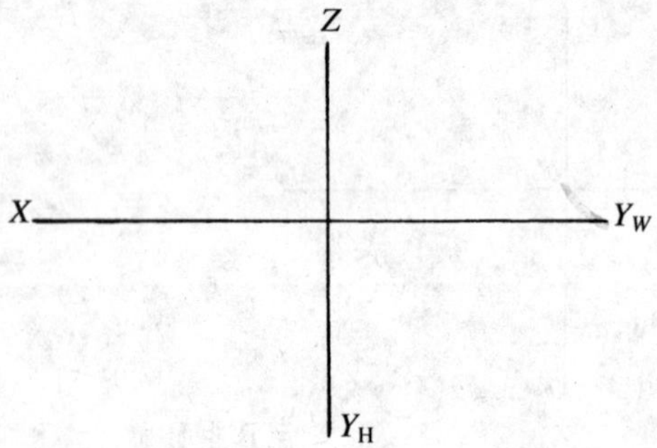

2．已知点B在W面上、点C在H面上，试分别在直观图上标出其投影点与空间位置点，并根据两面投影求出b及c′,然后写出两点的坐标。

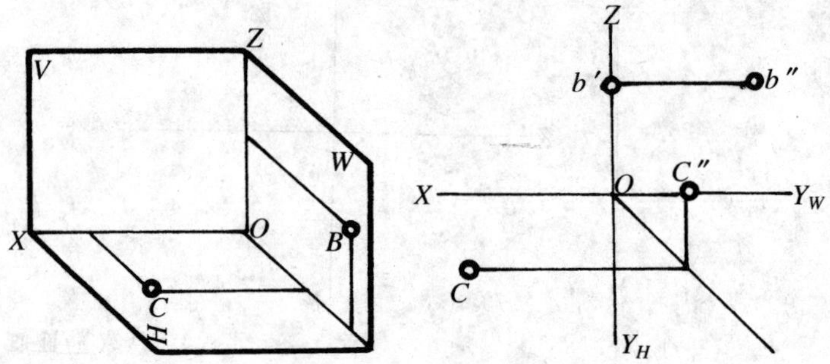

3．根据点的直观图作其三面投影图（尺寸从图中量取）。

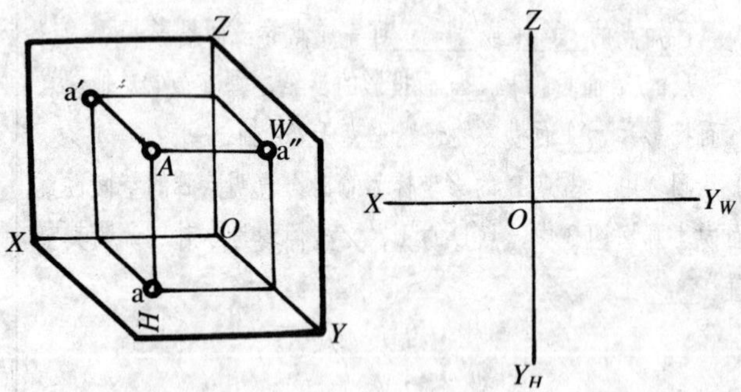

4．根据点的三面投影图作它的直观图。

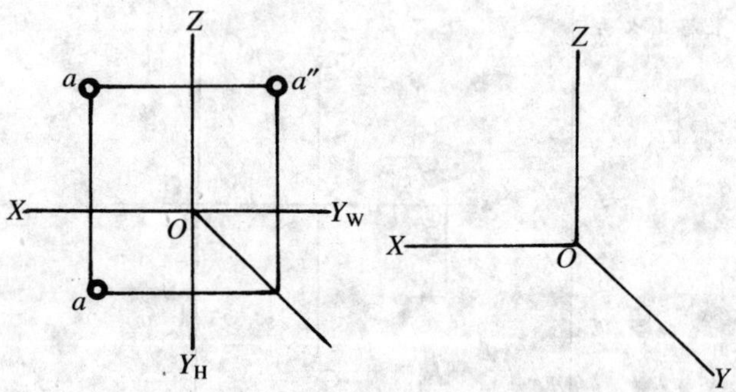

1. 判断A、B两点的相对位置，并按上下、左右、前后顺序填空。

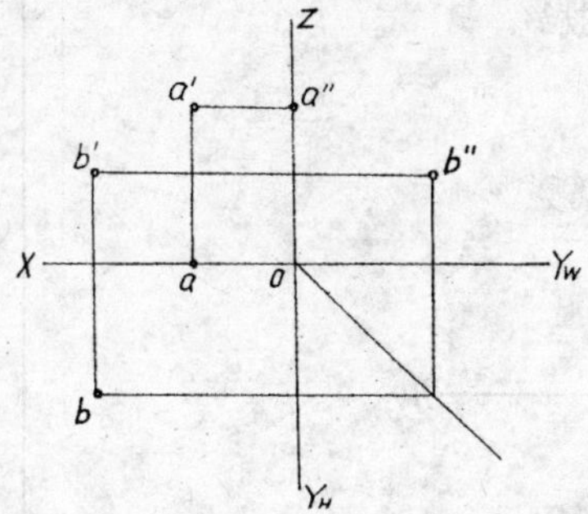

点A在点B之______

点A在点B之______

点A在点B之______

点A比点B高______ mm（尺寸在图形中量取）

2．判断一对重影点的相对位置，并给被重影的不可见投影加括号。

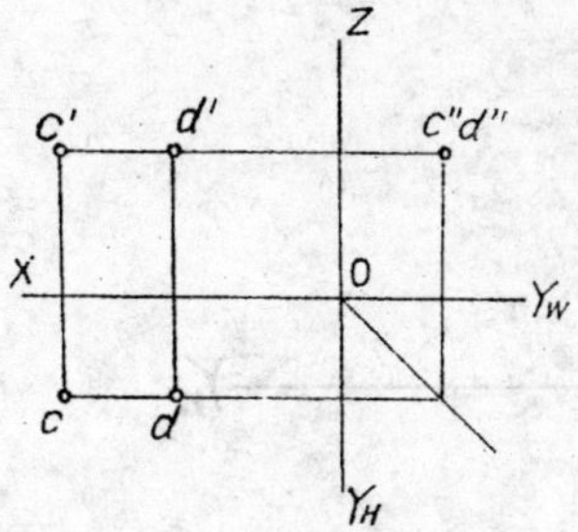

点C在点D之______

点C与点D同______

同______

3．根据直观图上*M*、*N*的空间位置，在投影图中标出相应的符号，并比较两点的相对位置。

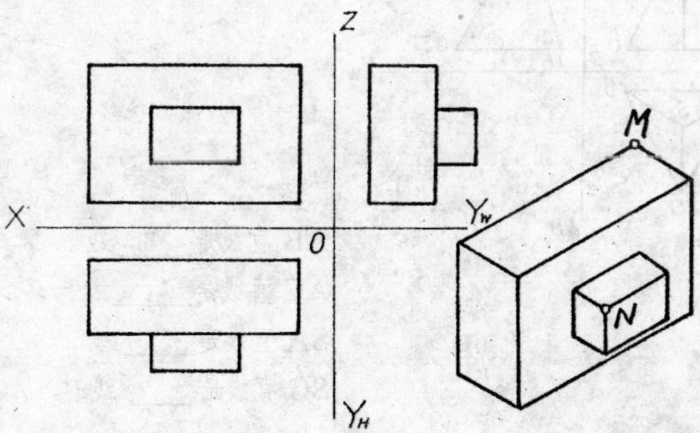

4．已知点A的三面投影，又已知点B在点A的左方 15mm、上方 8mm、后方 5mm，作出点B的三面投影，并分别连接 ab、a′ b′ 和 a″ b″ 。

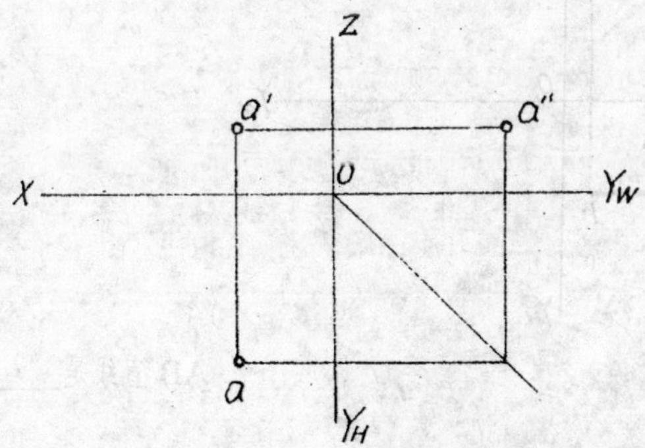

1. 已知直线两端点的坐标分别为：A（28、28、8）、B（8、8、28）画出三面投影。

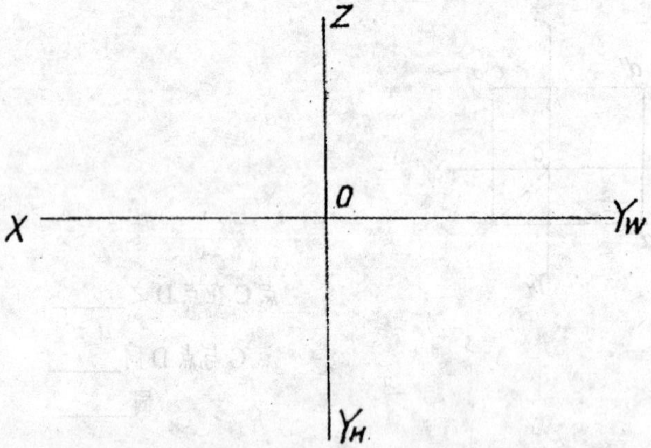

2.已知直线CD的端点C在H面上方5、V面前方8、W面左方18；端点D在点C前方8、右方15、且比C点高12，作其三面投影。

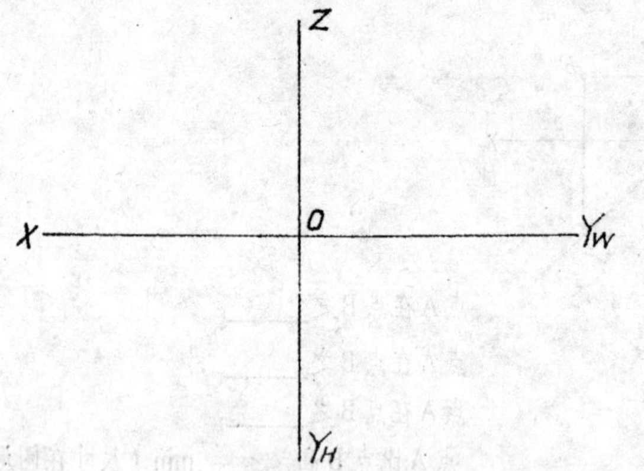

3. 判断直线对投影面的相对位置，并作出第三面投影。

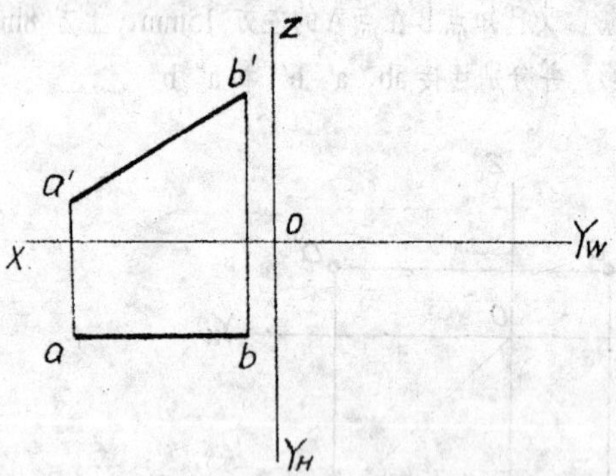

AB 直线是______线

4.

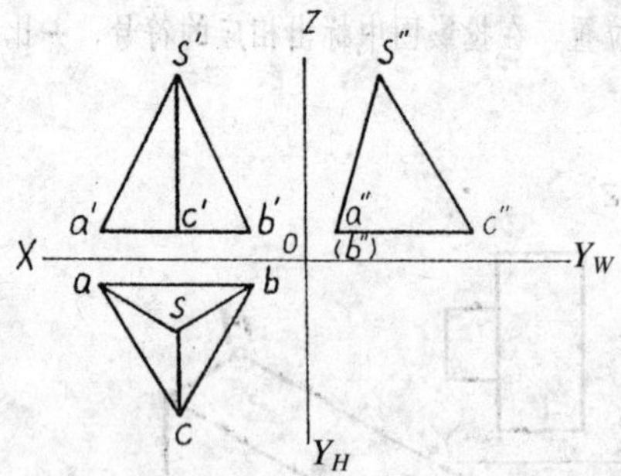

AB 直线是______线

AC 直线是______线

SA 直线是______线

SC 直线是______线

3-2 直线的投影（续）

班级　　　　姓名

1. 判断下列各图中 AB、CD 两直线的相对位置（平行、相交、交叉）。

（1）

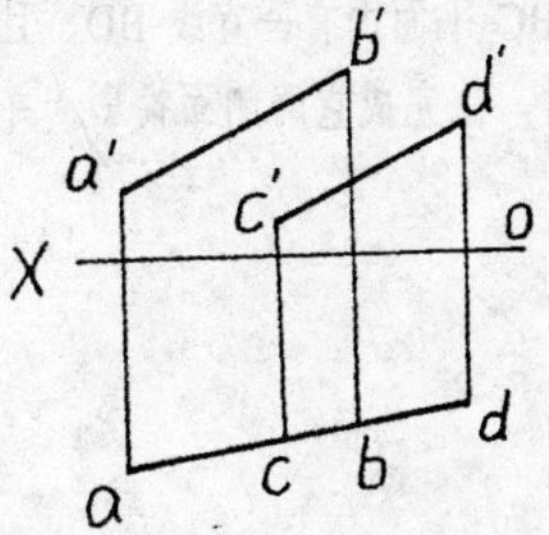

______

（2）

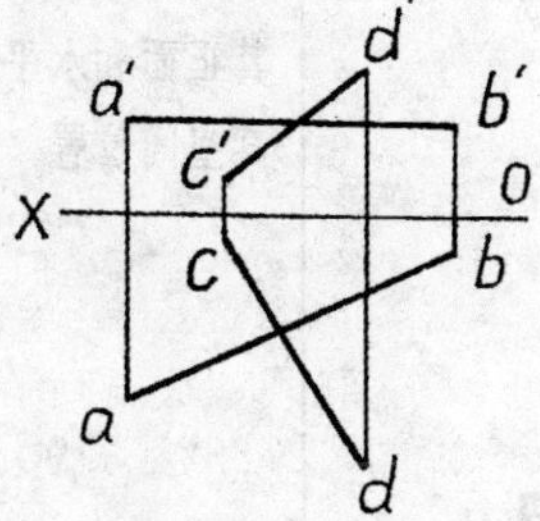

______

（3）

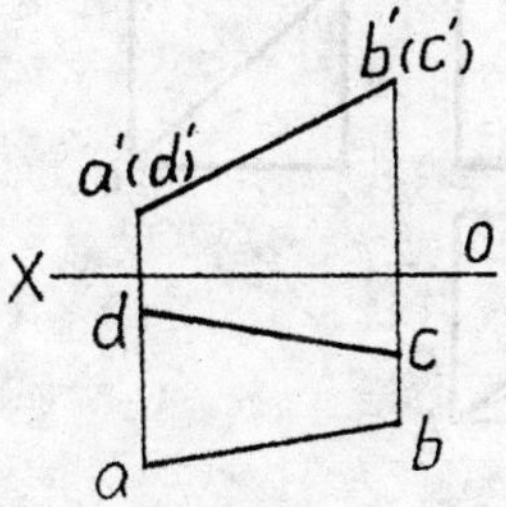

______

（4）

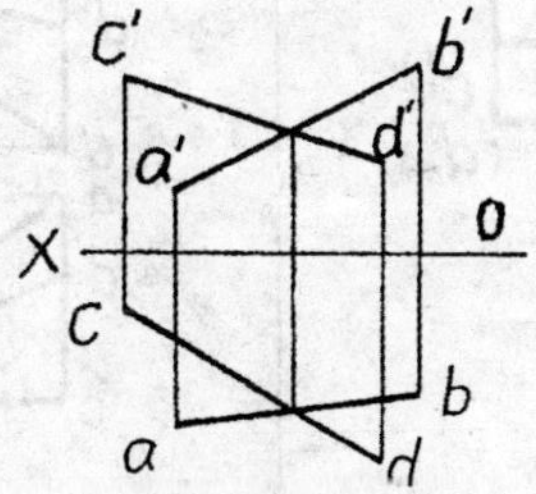

______

（5）

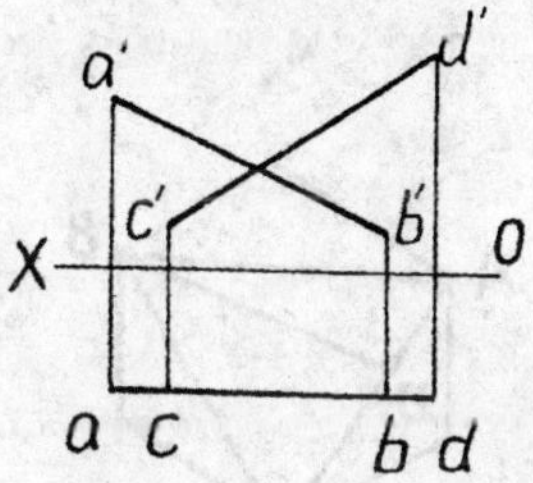

______

（6）

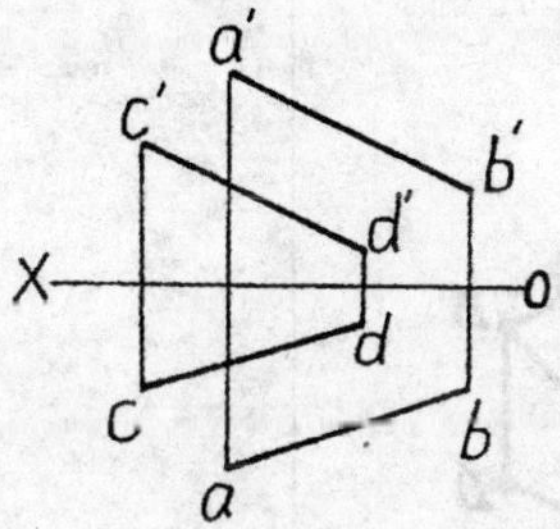

______

2. 过 A 点作直线 AB//直线 CD。

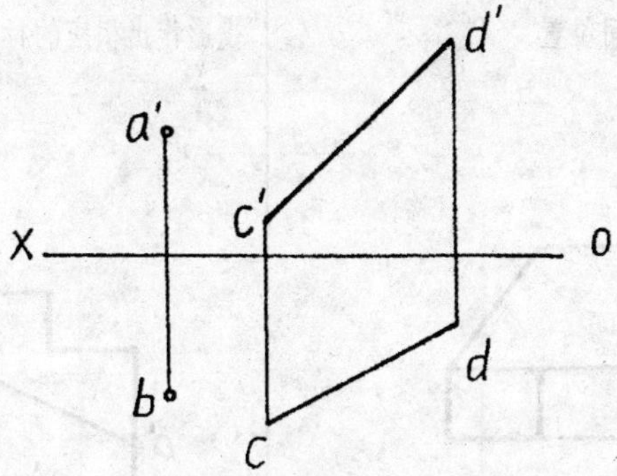

3. 过 C 点任作一直线 CD 与直线 AB 相交。

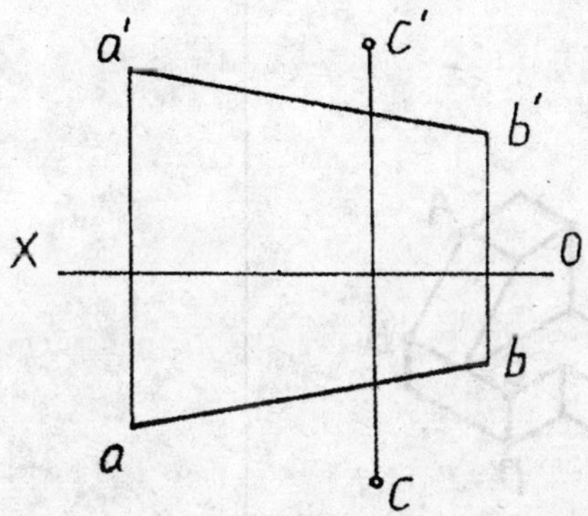

1. 按直观图上所注直线的位置，在三面投影图中注出相应的符号，并判断其空间位置。

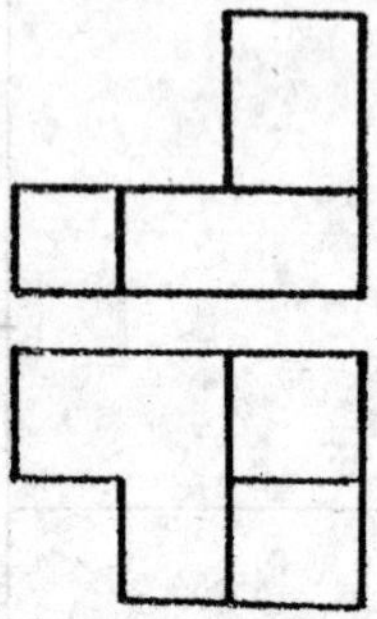

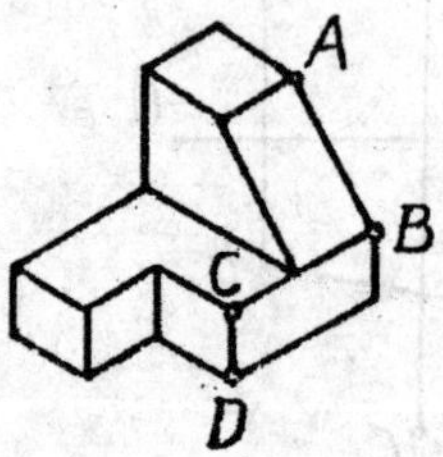

AB 直线是______线

CD 直线是______线

2. 根据直线在某一投影中的标注，判断直线的其他投影作出相应的标注，并判断其空间位置。

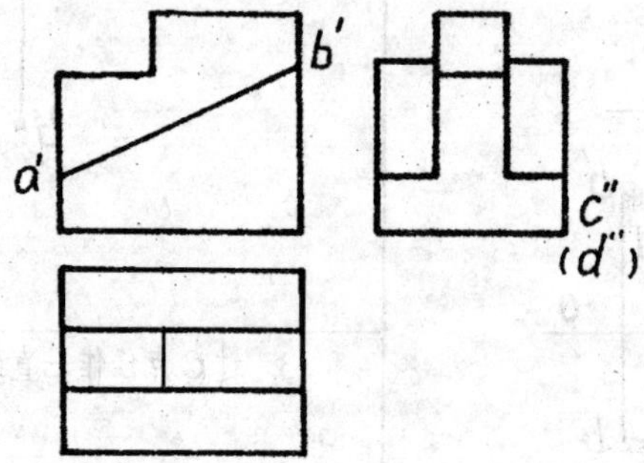

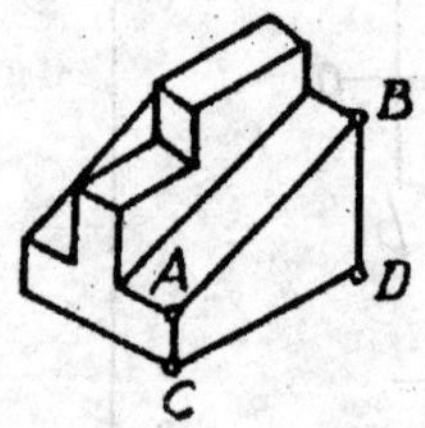

AB 直线是______线

CD 直线是______线

3. 如果立体的 ABC 平面内有一直线 BD，且已知其正面和水平面投影，试完成它的侧面投影，并判断其空间位置。

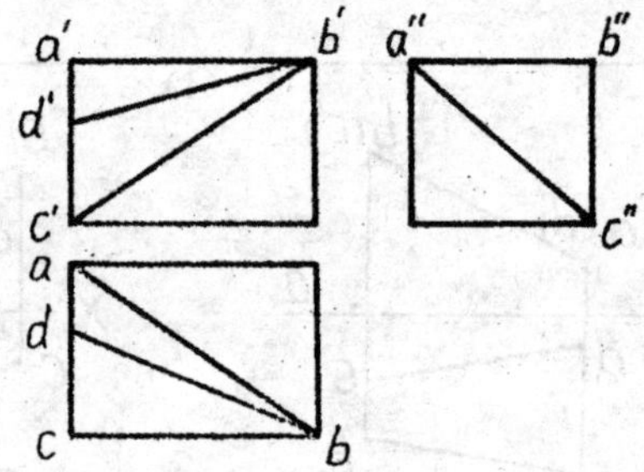

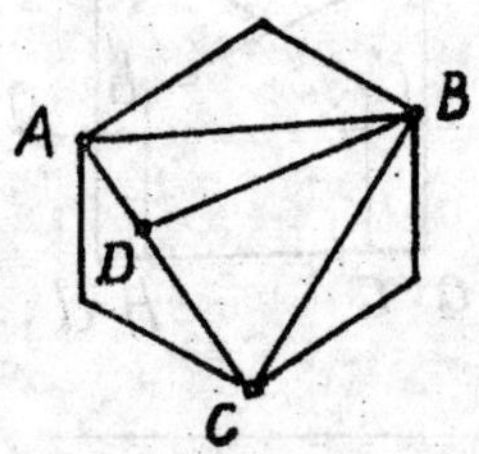

AB 直线是______线

3-3 平面的投影　　班级　　姓名

1.作铅垂面

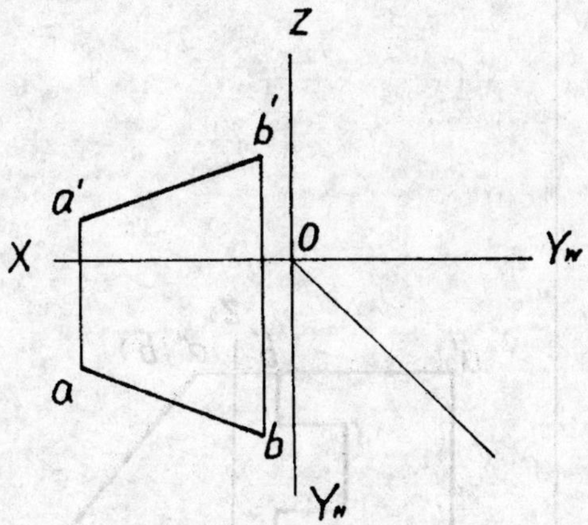

2.作正垂面

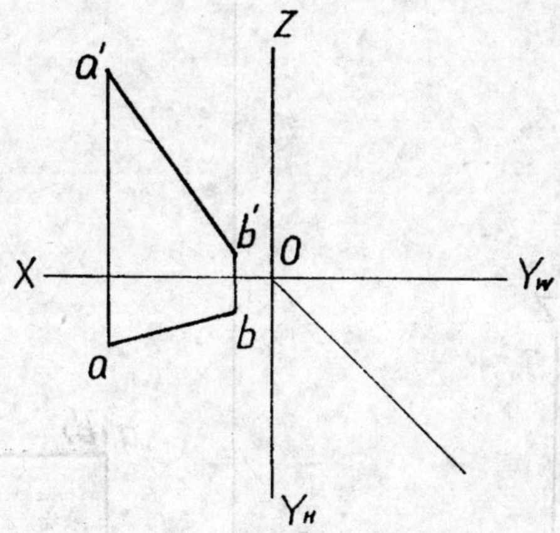

3. 作侧垂面

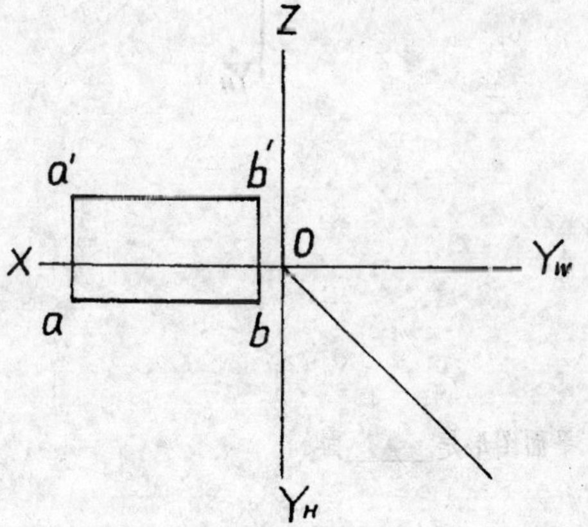

4.作一般位置平面

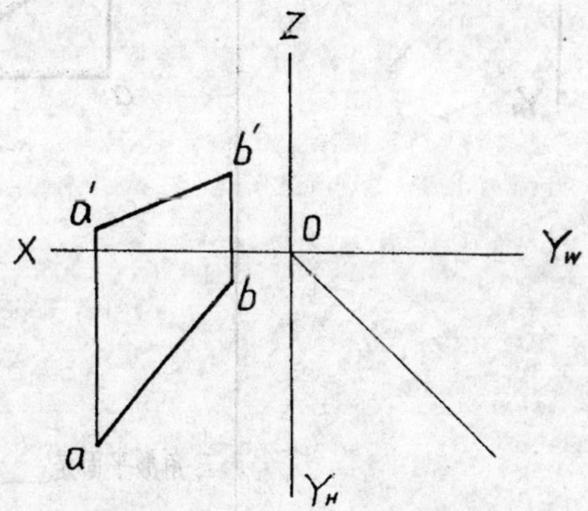

3-3 平面的投影（续） 班级 姓名

1.

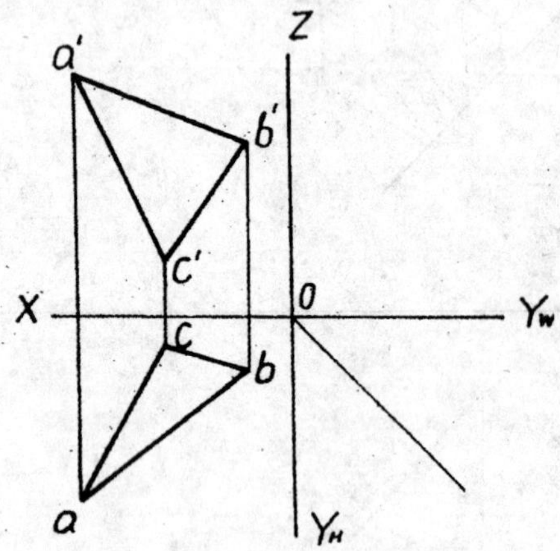

三角形平面是______面

2.

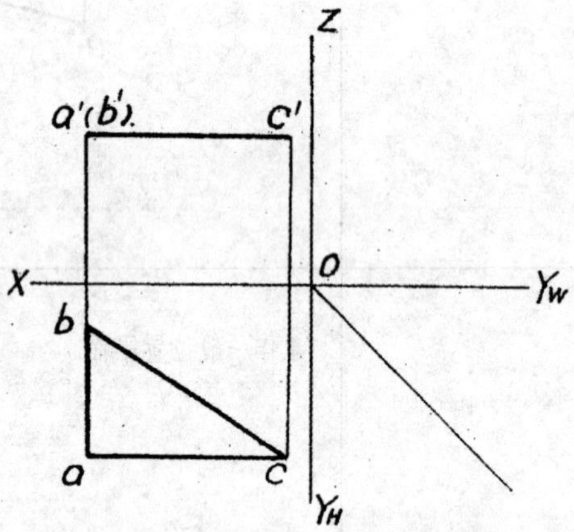

三角形平面是______面

3.

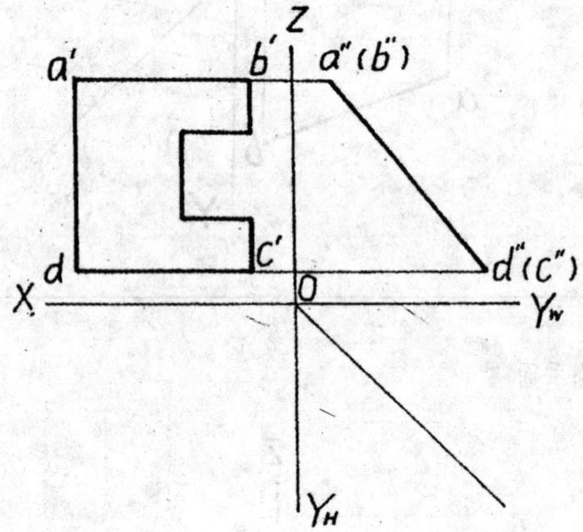

平面图形是______面

3-3 平面的投影（续）

班级　　　　姓名

1.

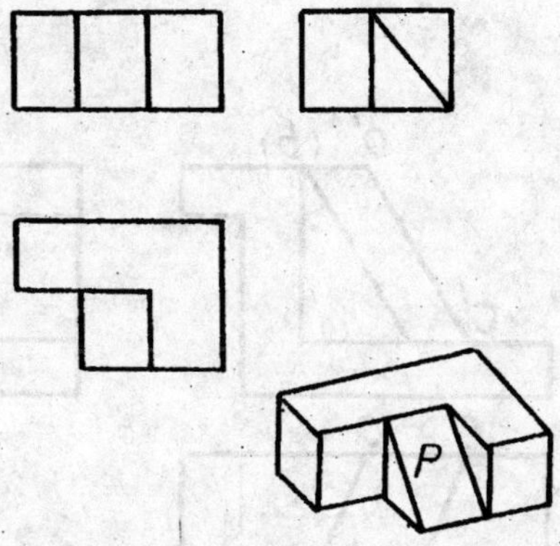

P平面是______面

2.

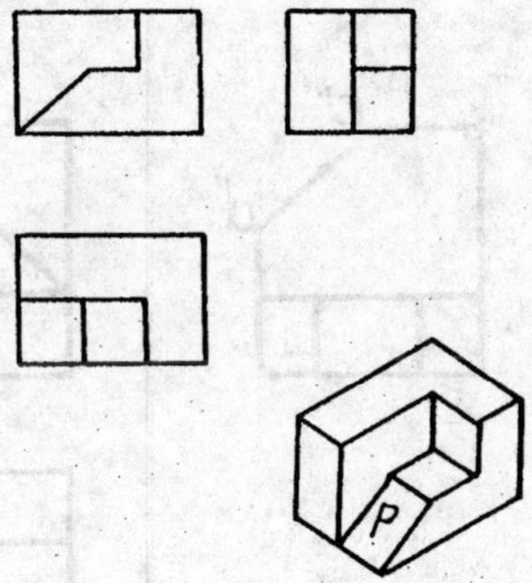

P平面是______面

3.

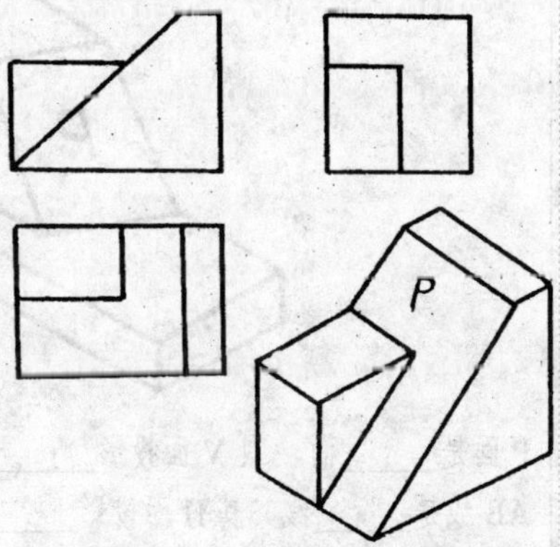

P平面是______面

4.

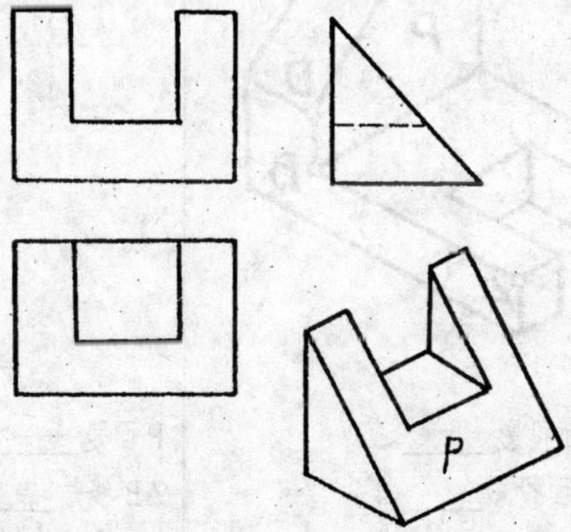

P平面是______面

3-4 直线与平面的投影　　班级　　姓名

1.

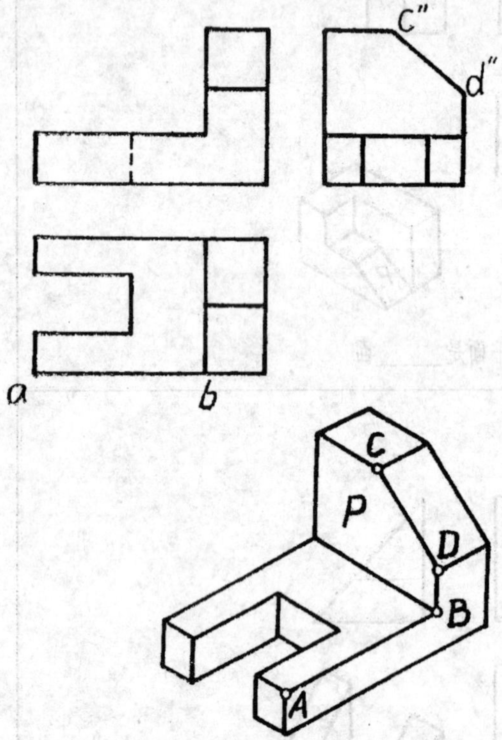

P 面是______面，其 W 面投影______。

AB 线是______线，其 V 面投影______。

CD 线是______线，其 H 面投影______。

2.

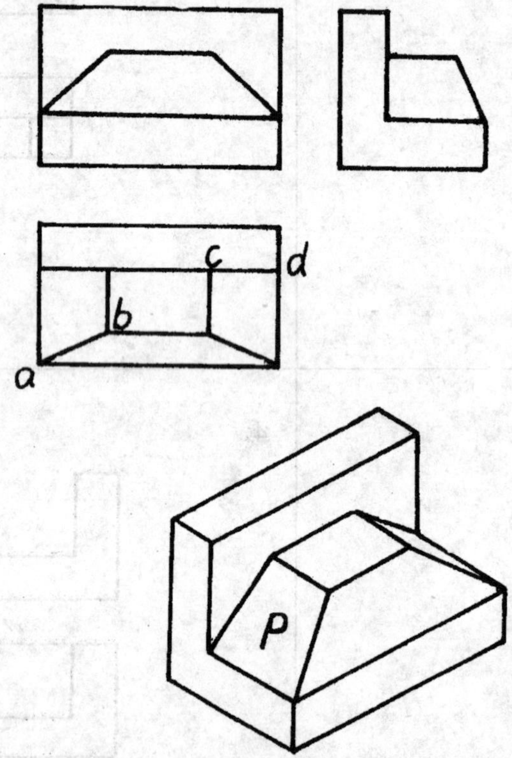

P 面是______面，其 H 面投影______。

AB 线是______线，其 V 面投影______。

CD 线是______线，其 V 面投影______。

3.

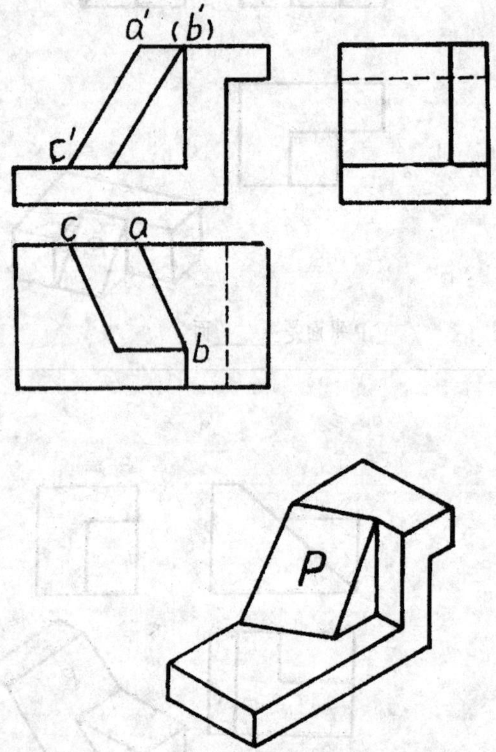

P 面是______面，其 V 面投影______。

AB 线是______线，其 H 面投影______。

CD 线是______线，其 V 面投影______。

1.作三棱柱的侧面投影，并作出表面上各点的其他投影。

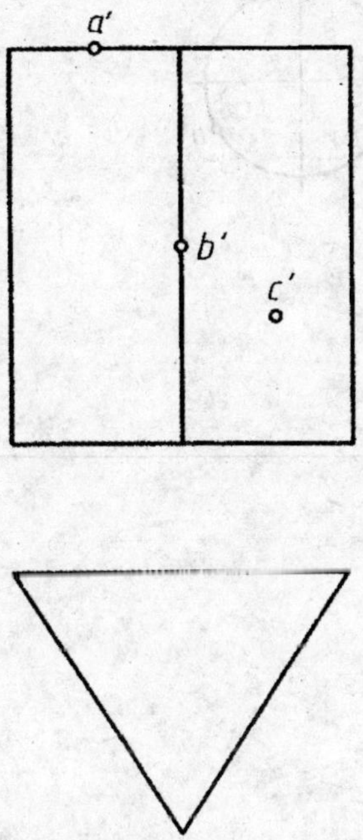

2. 作三棱锥的水平投影，并作出表面上各点的其他投影。

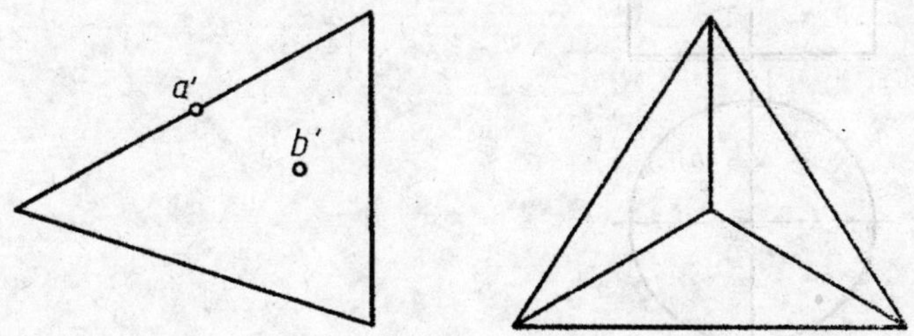

完成下列回转体的投影，并作出表面上各点的三面投影。

(1)

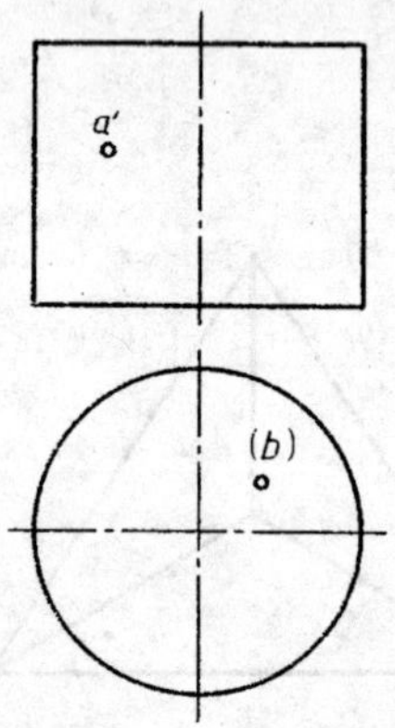

(2)

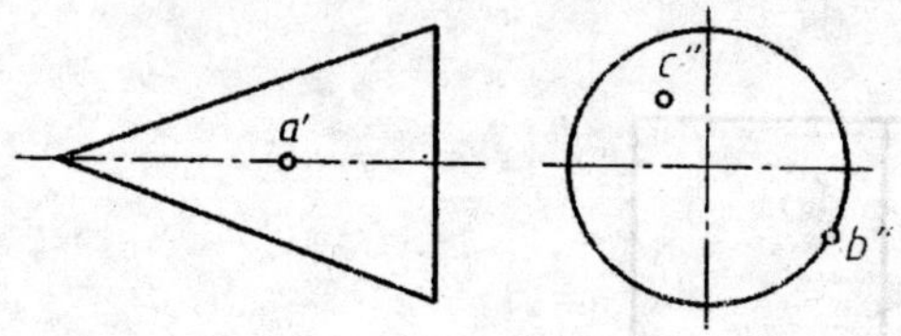

(3)

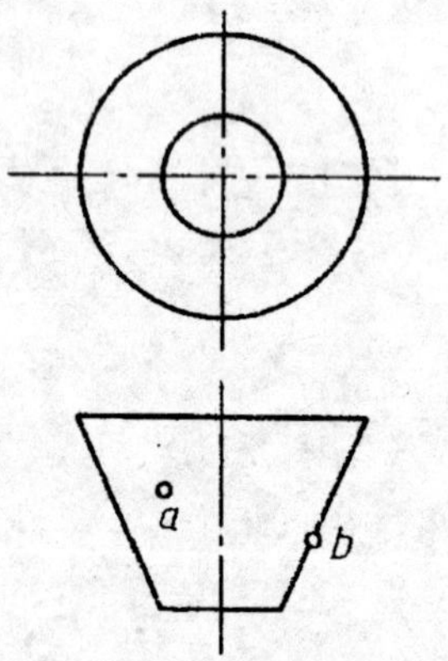

(4)

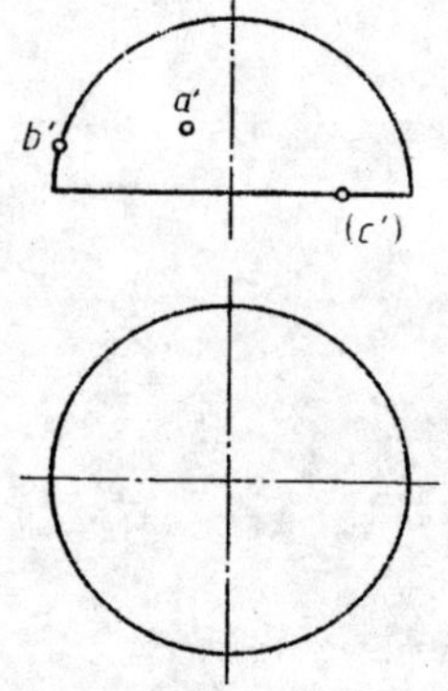

5-1、正等轴测图

班级　　　　姓名

根据机件的视图画出其正等轴测图。

1.

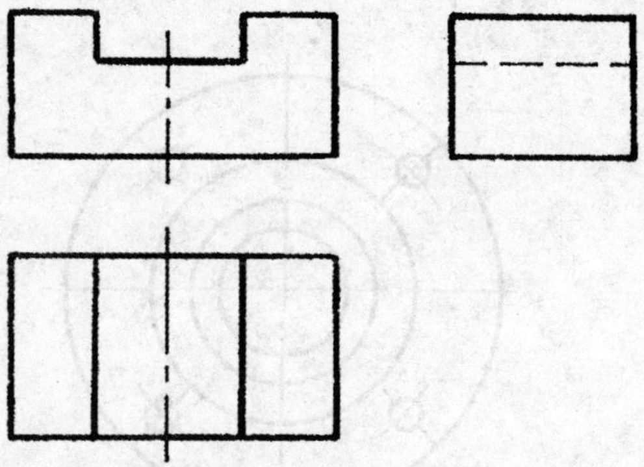

2.

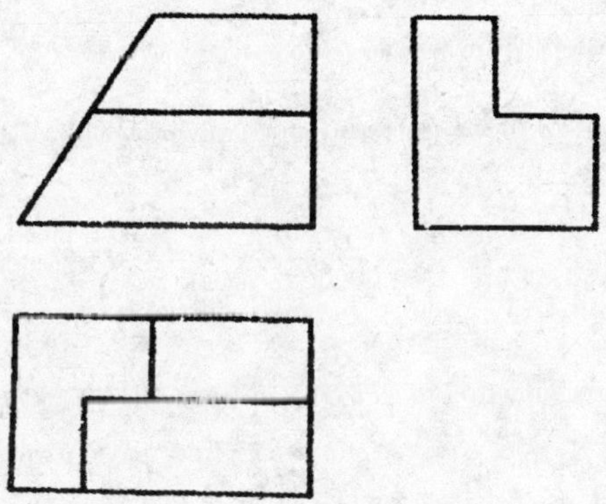

3.

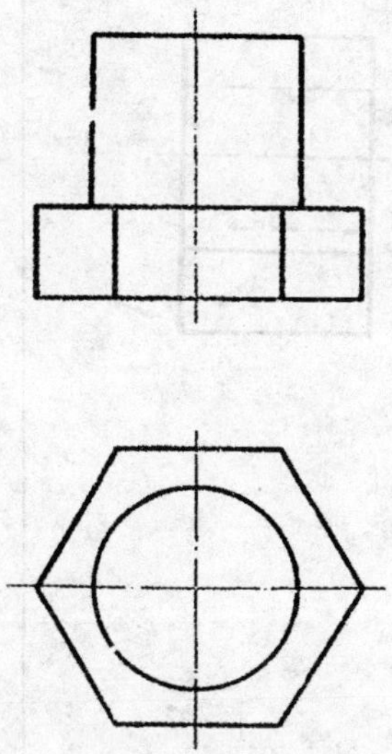

5-2 斜二等轴测图　　　　班级　　　　姓名

根据机件的视图画出其斜二等轴测图。

1.

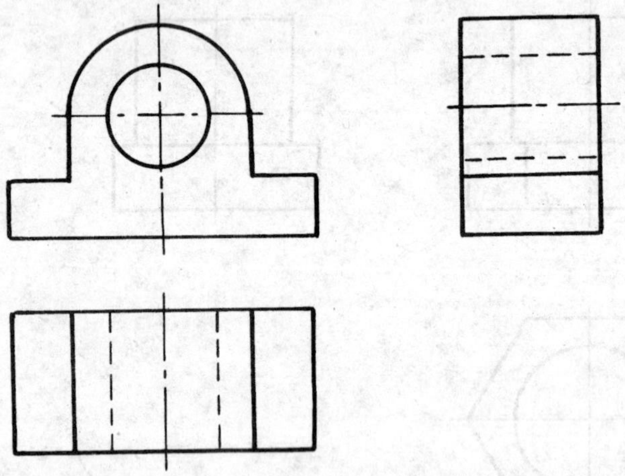

2.

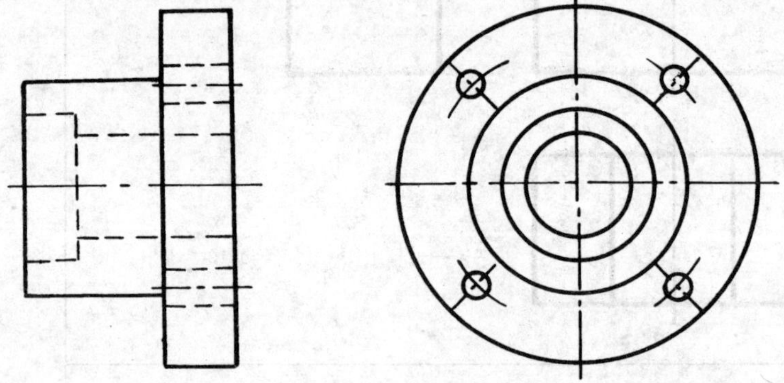

6-1 平面体的截交线　　班级　　姓名

1. 作正垂面截断五棱柱的侧面投影，并补全水平投影。

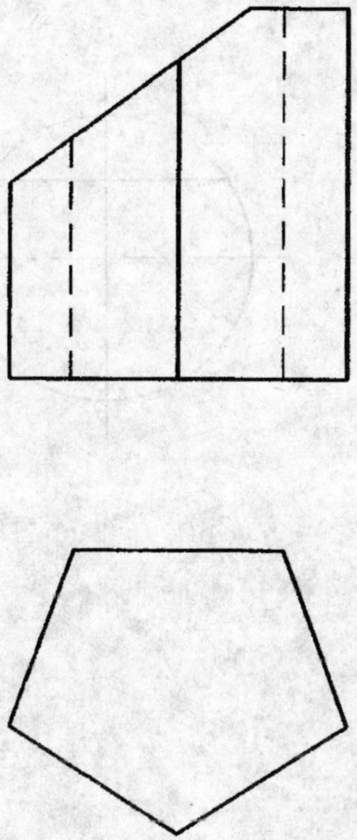

2. 完成切口平面立体的水平投影和侧面投影。

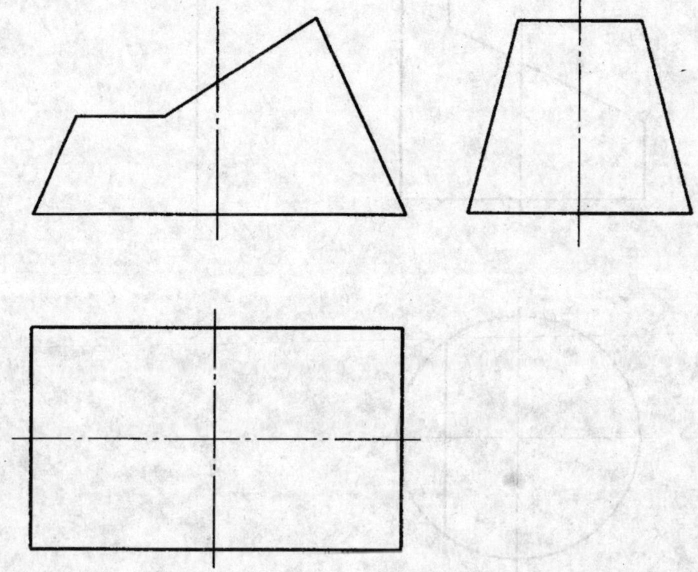

1.

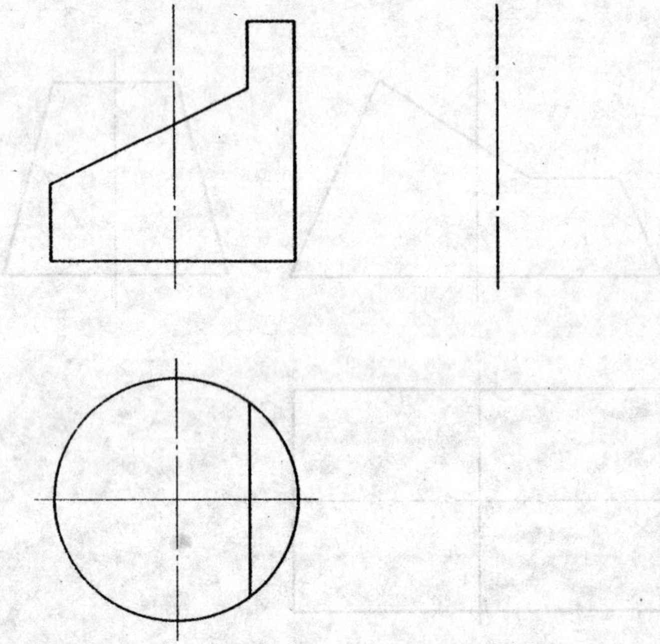

2.

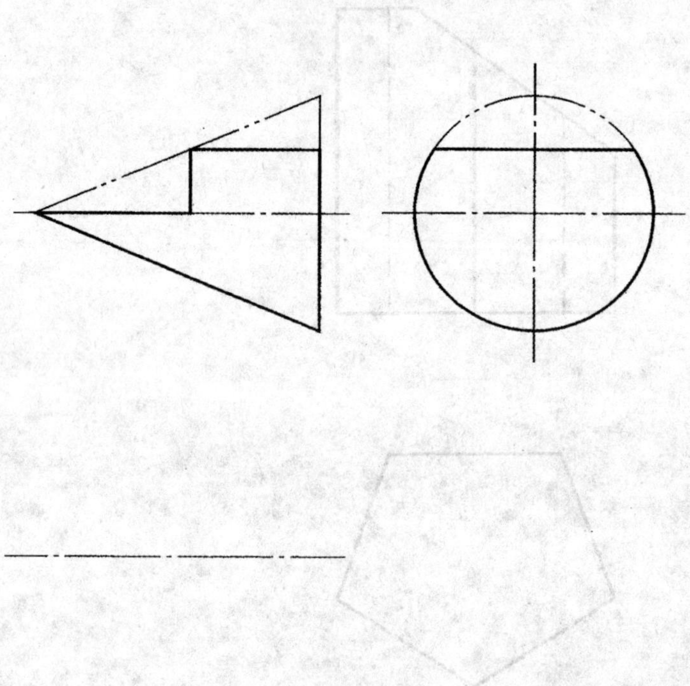

3. 分析圆球体的截交线，完成三面投影。

(1)

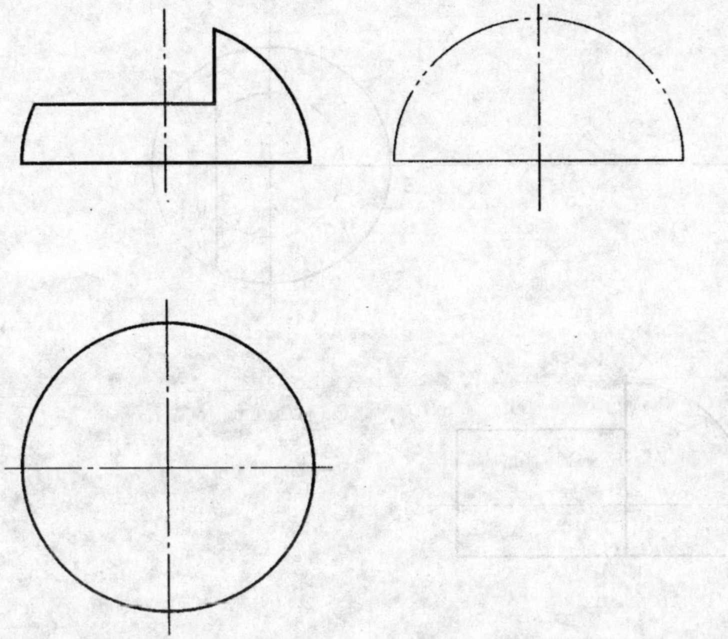

(2)

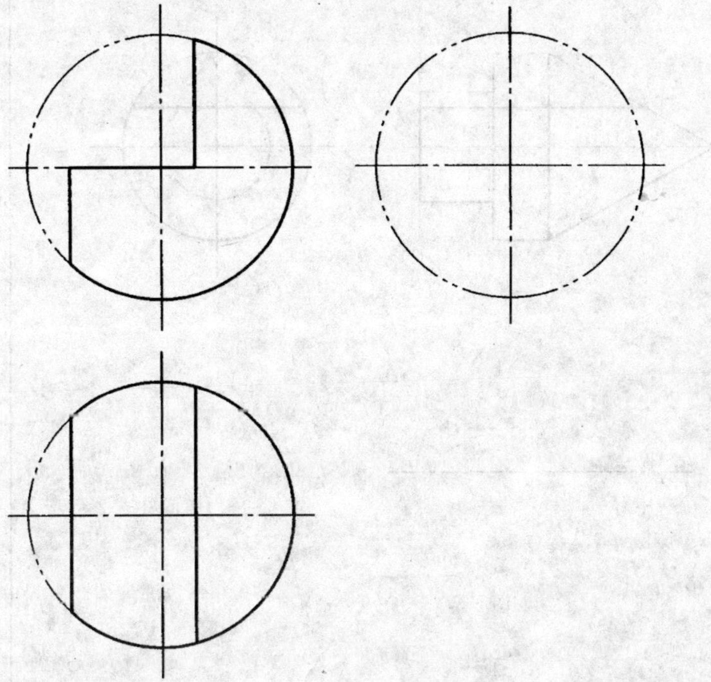

6-2 回转体的截交线（续）

班级　　　　姓名

4. 完成复合回转体截交线的三面投影。

(1)

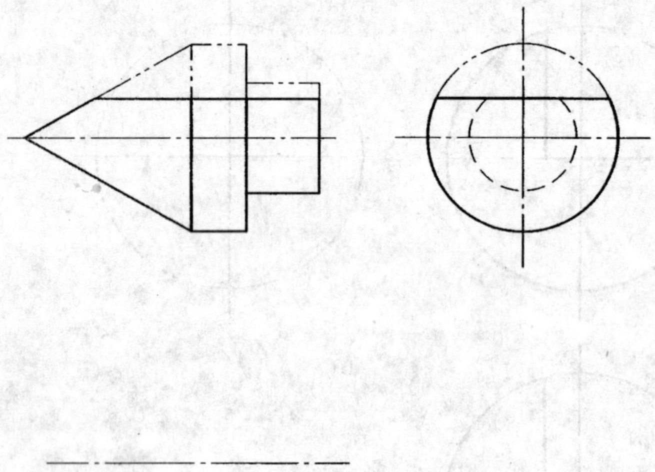

(2)

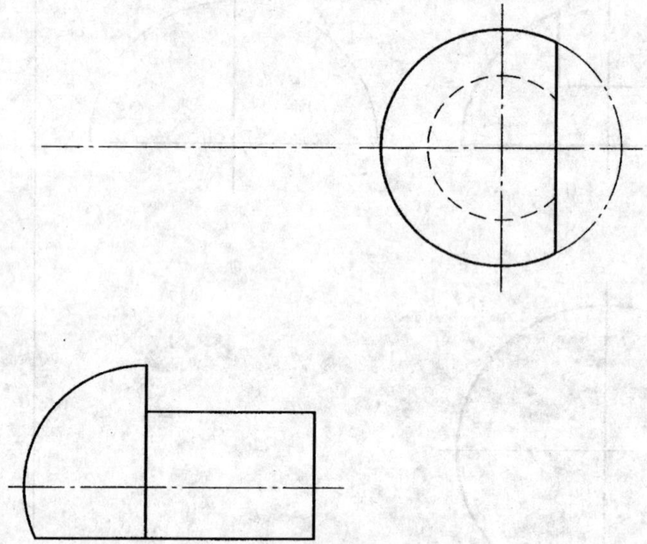

6-3 补画视图中的相贯线

班级　　　　姓名

1.求作下列各回转体的相贯线。

(1)

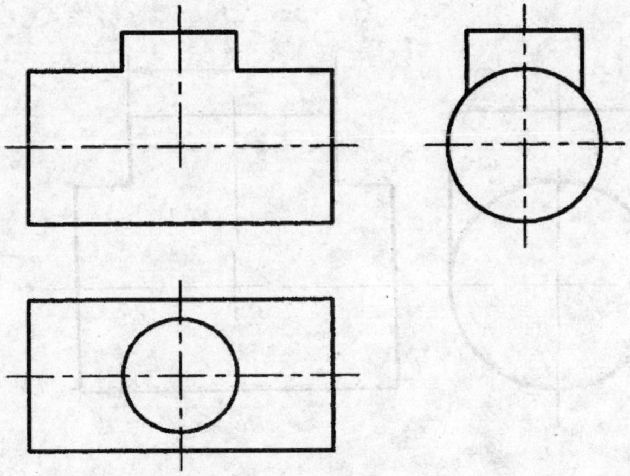

(2)

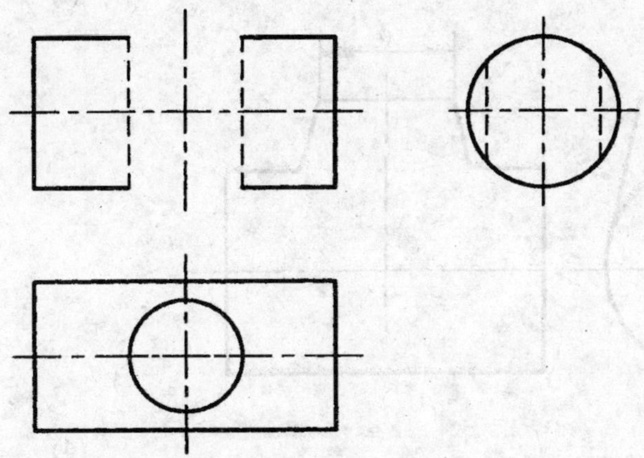

(3)

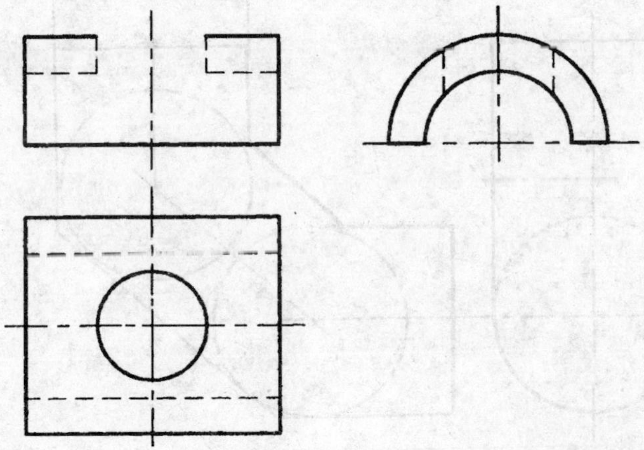

(4)

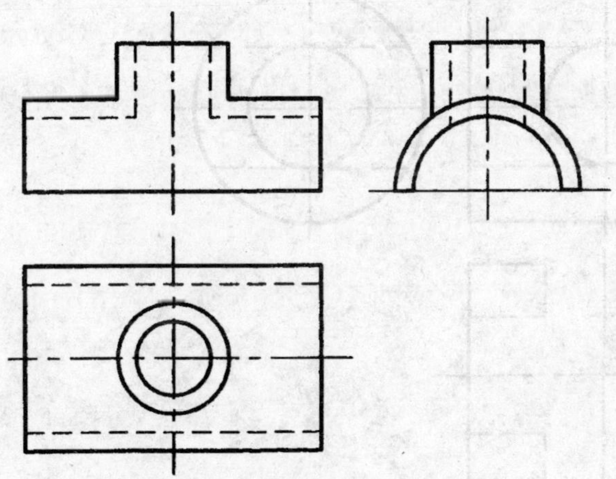

2. 完成相贯线的投影。

(1)

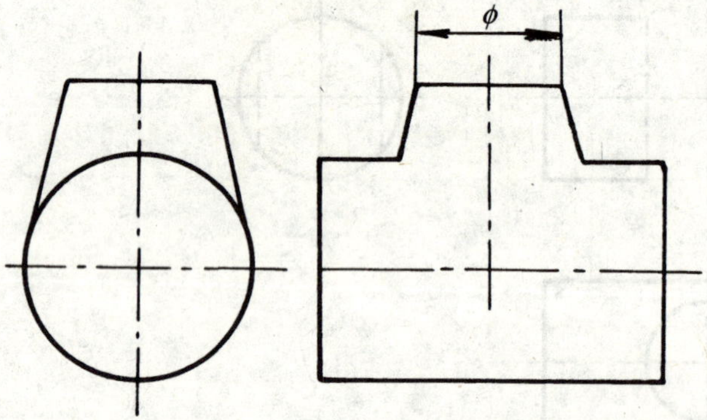

(2)

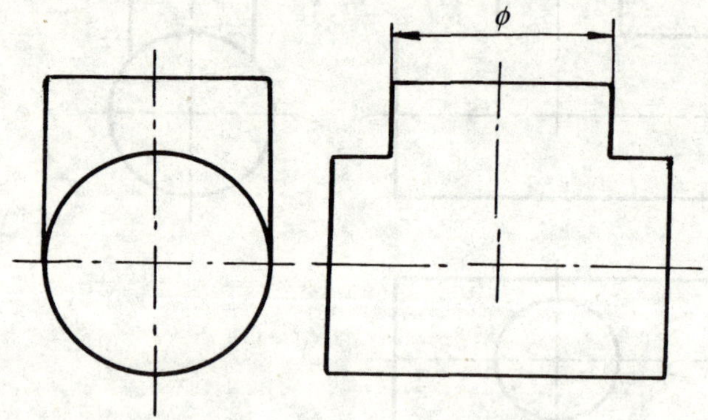

(3)

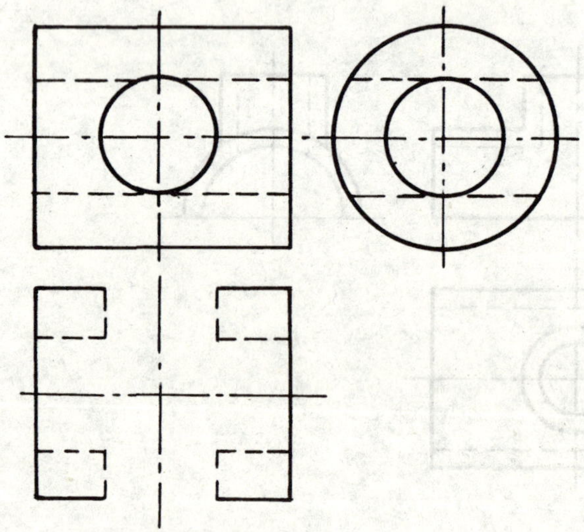

(4)

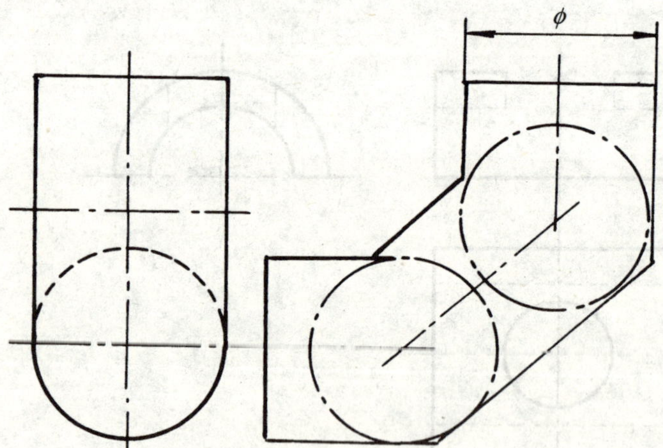

*3. 补全机件内外表面交线的投影。

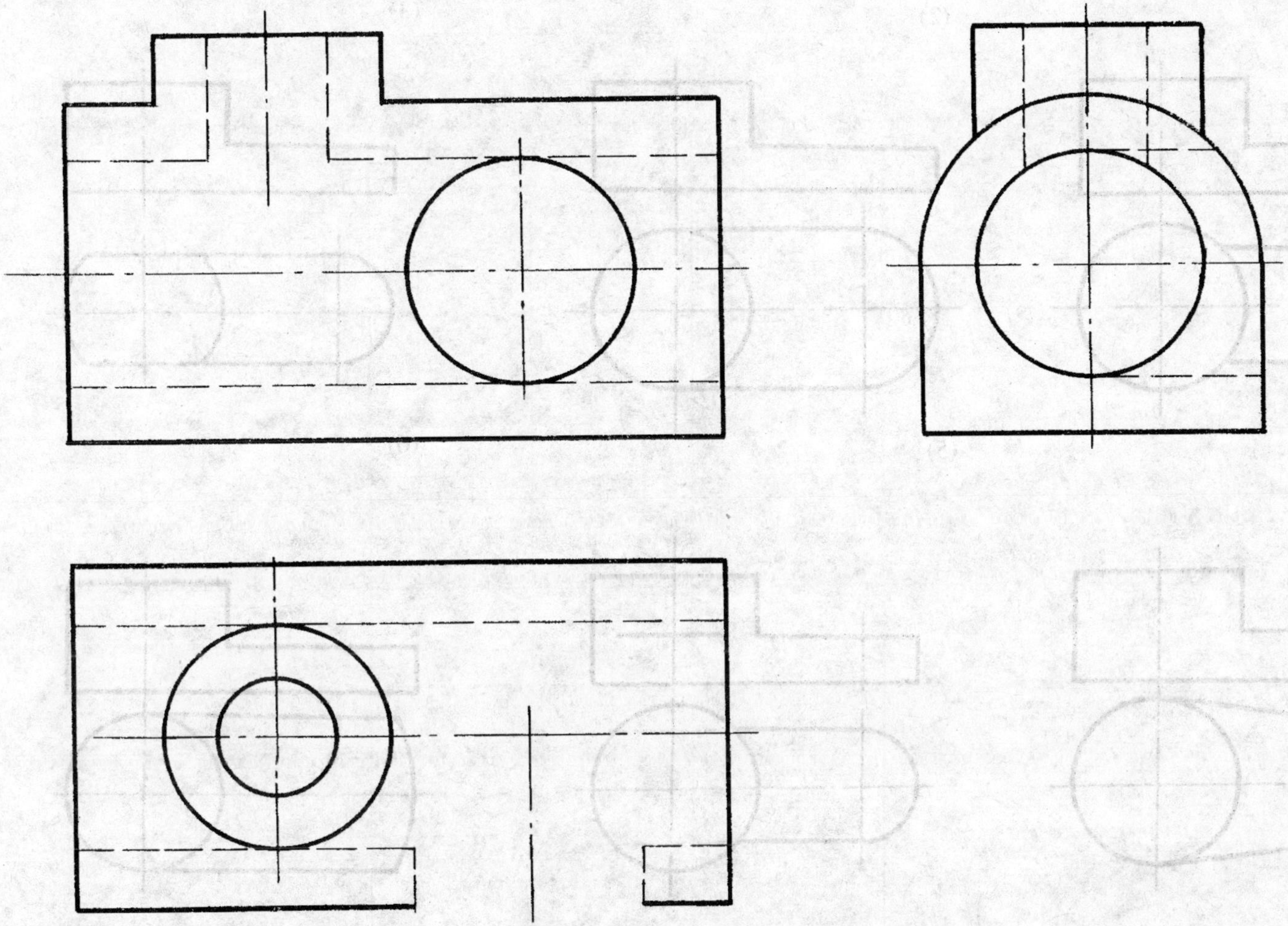

7-1 补画视图中缺漏的图线　　　　班级　　　　姓名

(1)

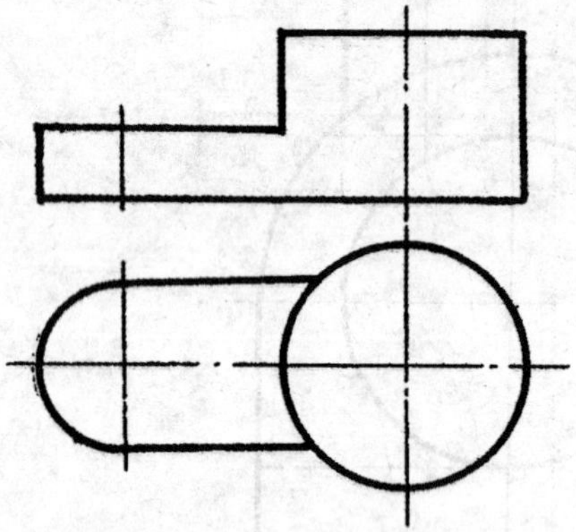

(2)

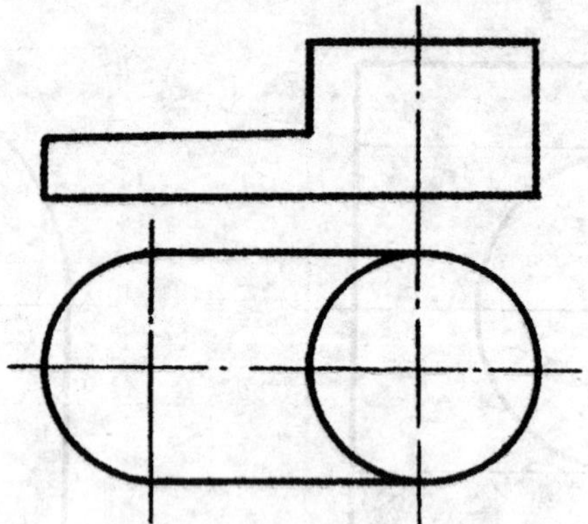

(3)

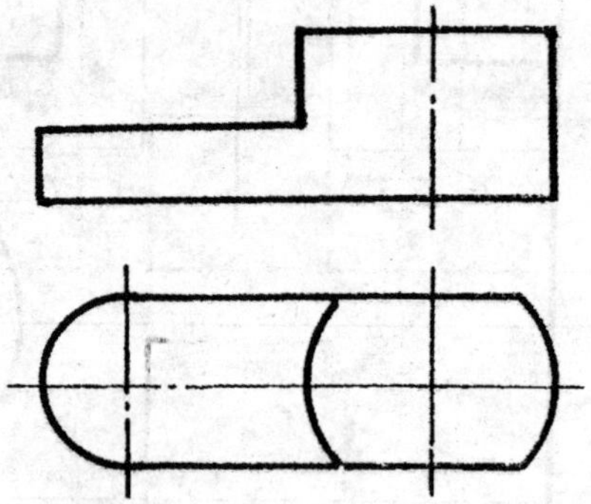

(4)

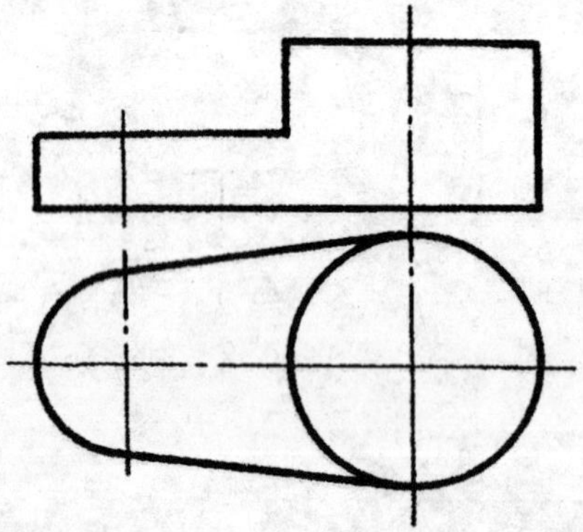

(5)

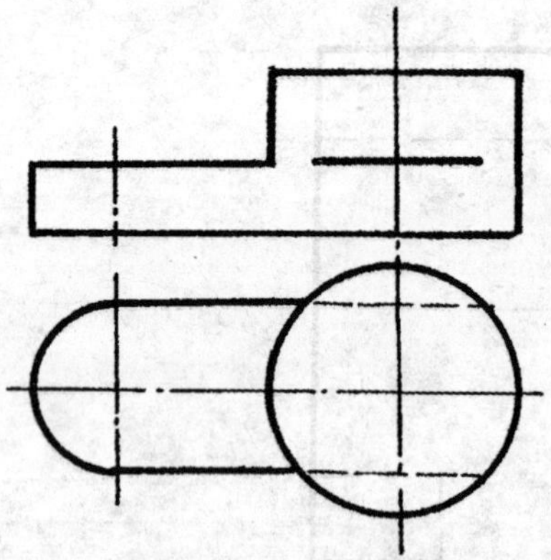

(6)

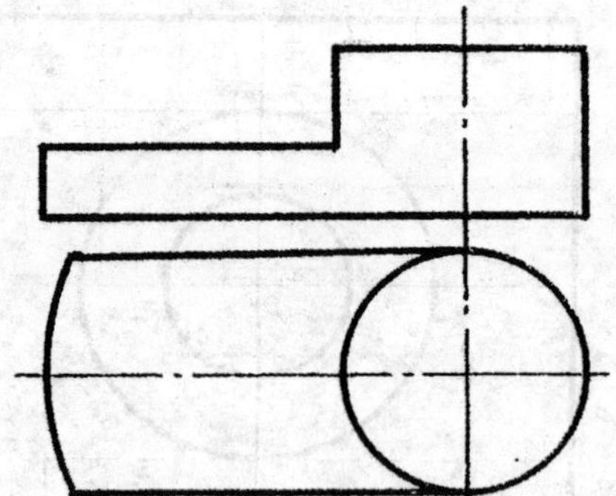

7-1　补画视图中缺漏的图线（续）　　　　班级　　　　姓名

(1)

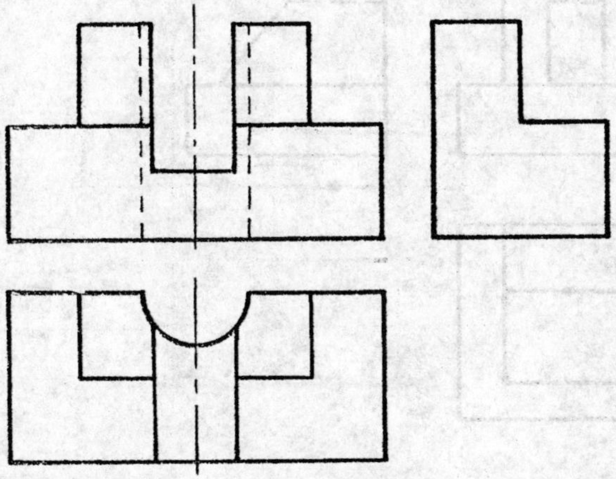

(2)

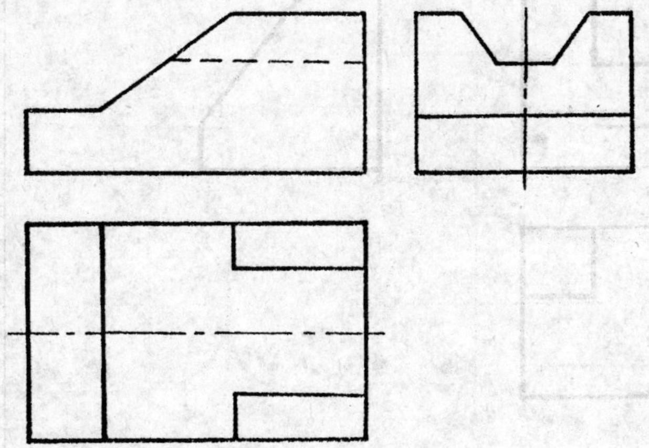

(3)

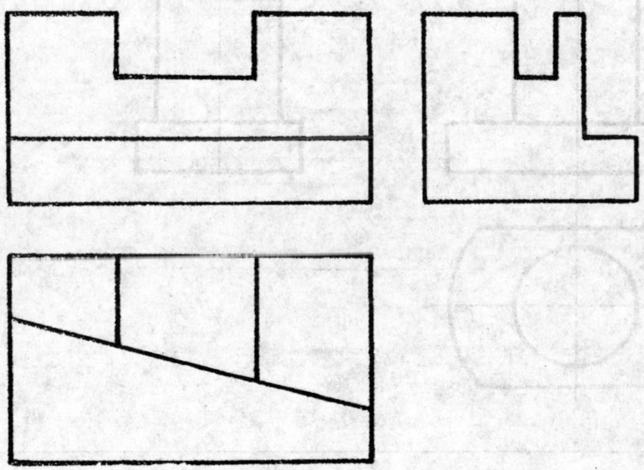

(4)

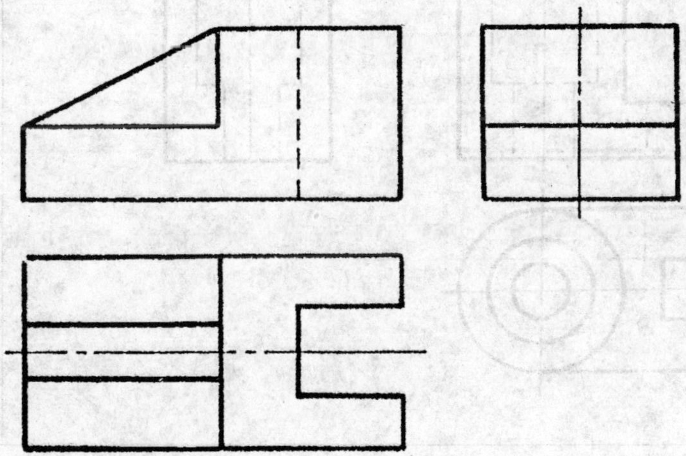

7-1 补画视图中缺漏的图线（续）　　　　班级　　　　姓名

(1)

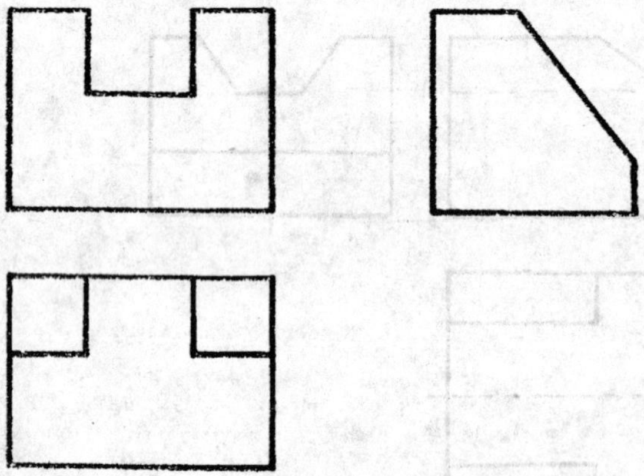

(2)

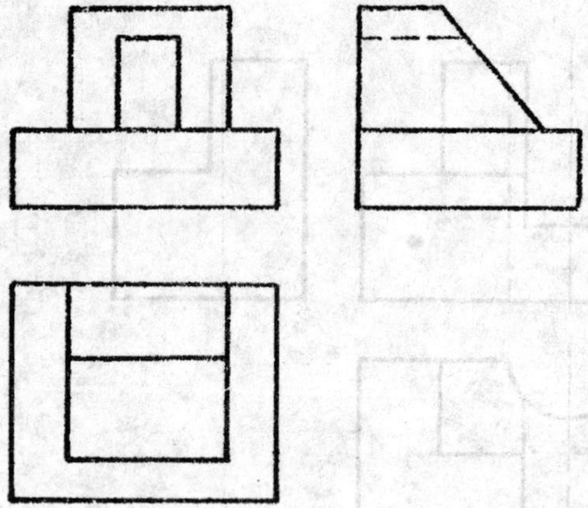

(3)

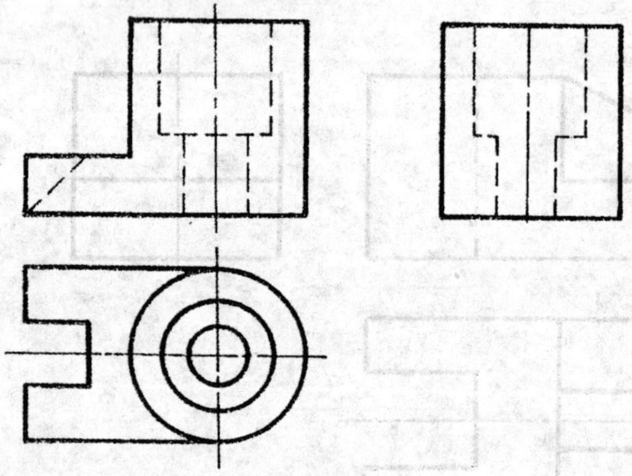

(4)

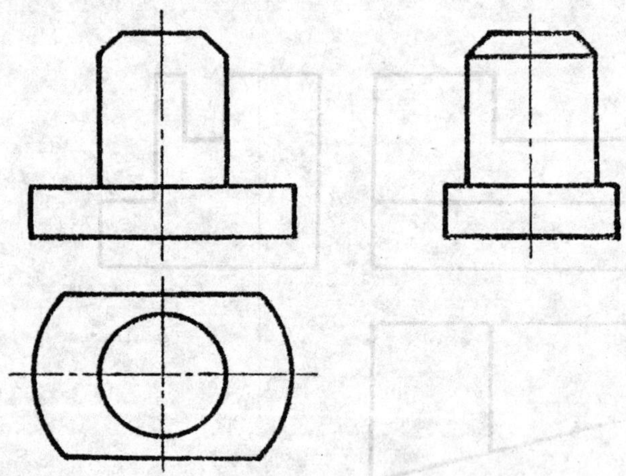

7-2 读组合体视图　　　　班级　　　　姓名

根据下列视图构思出机件的形状，并将三视图画完整。

1.

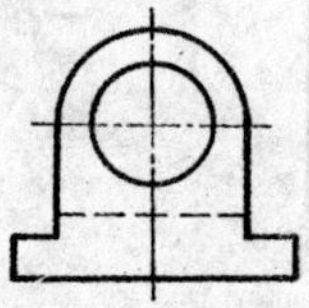

2.

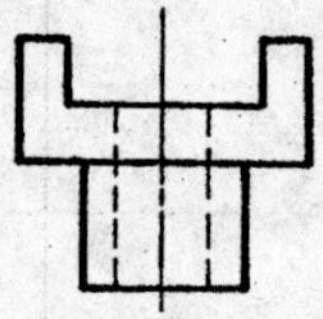

3.

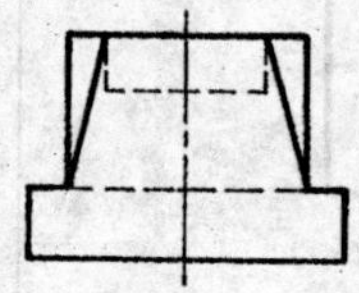

4.

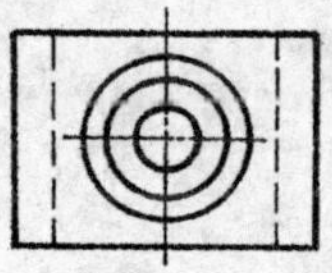

5.

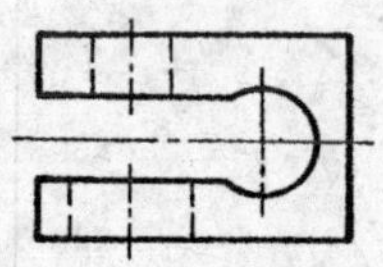

6.

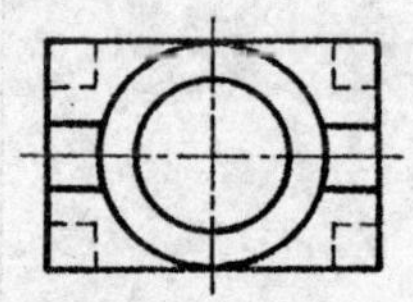

看视图，想形状，分析并答出图中所指的表面是平面还是曲面。

例:

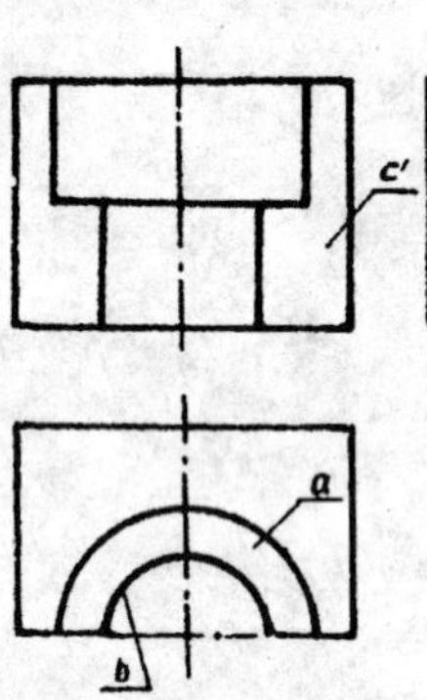

A 面是<u>水平面</u>

B 面是<u>圆柱面</u>

C 面是<u>正平面</u>

1.

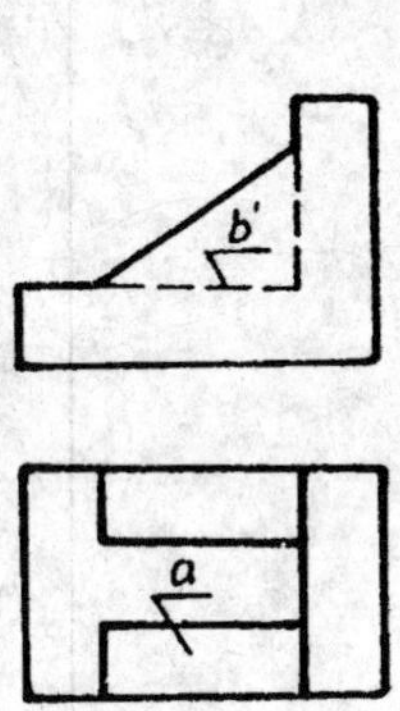

A 面是______

B 面是______

C 面是______

2.

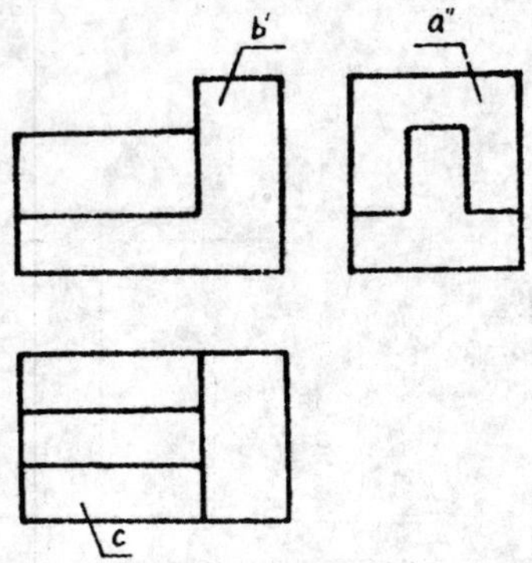

A 面是______

B 面是______

C 面是______

3.

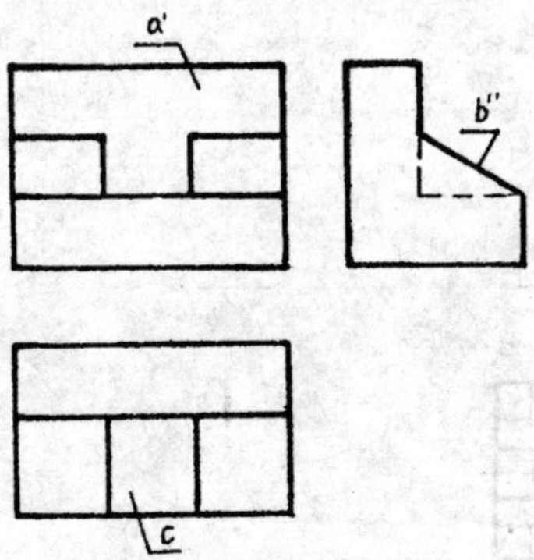

A 面是______

B 面是______

C 面是______

4.

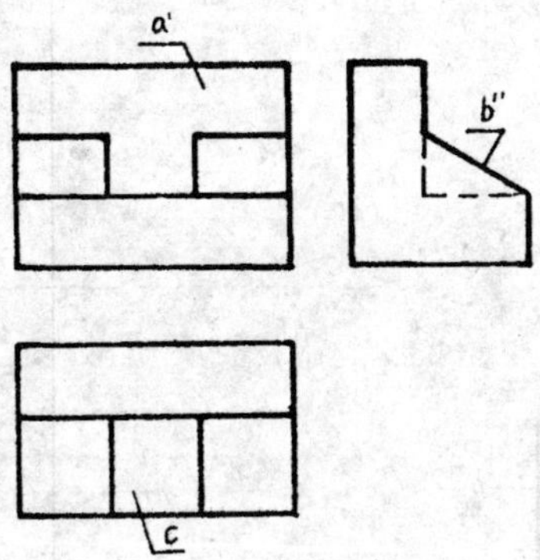

A 面是______

B 面是______

C 面是______

5.

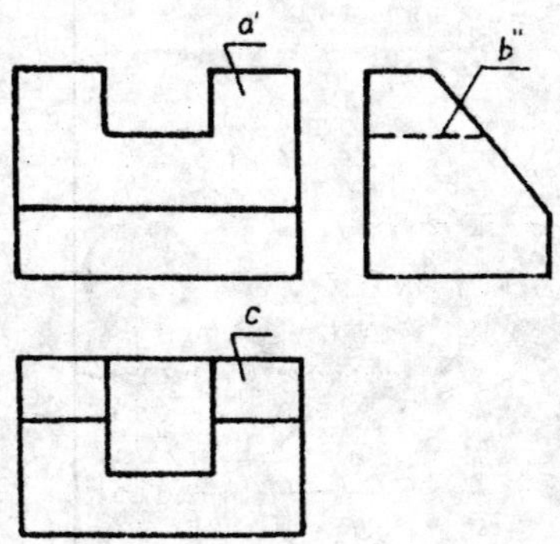

A 面是______

B 面是______

C 面是______

利用形体分析法标全组合体的尺寸。

1.

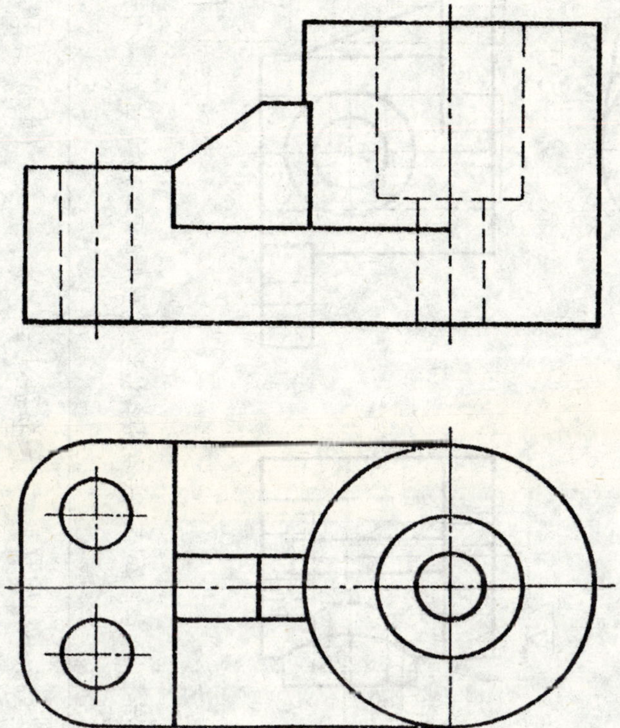

2.

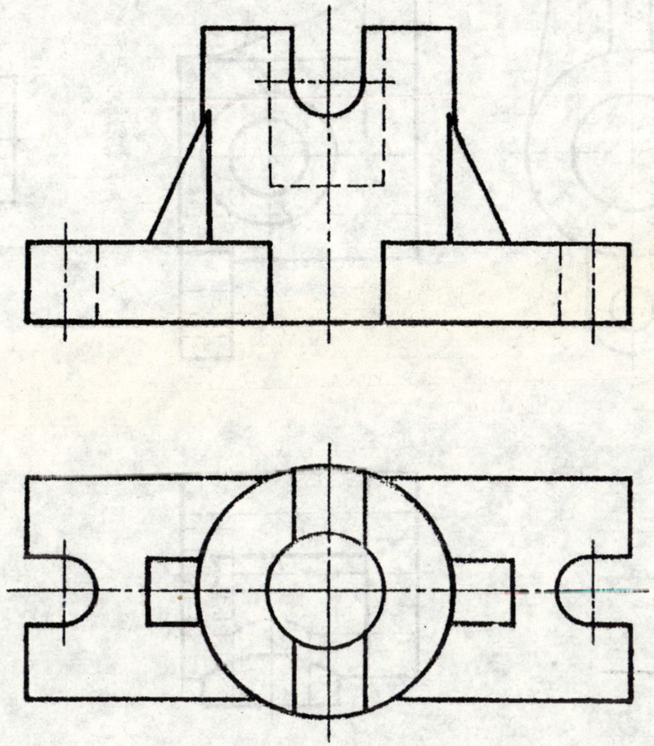

7-3　组合体尺寸注法（续）　　班级　　姓名

分析形体，指出各部分形体的投影（如图中 I 部分所示）；指出组合体三个方向的尺寸基准；标注各形体间的定位尺寸。

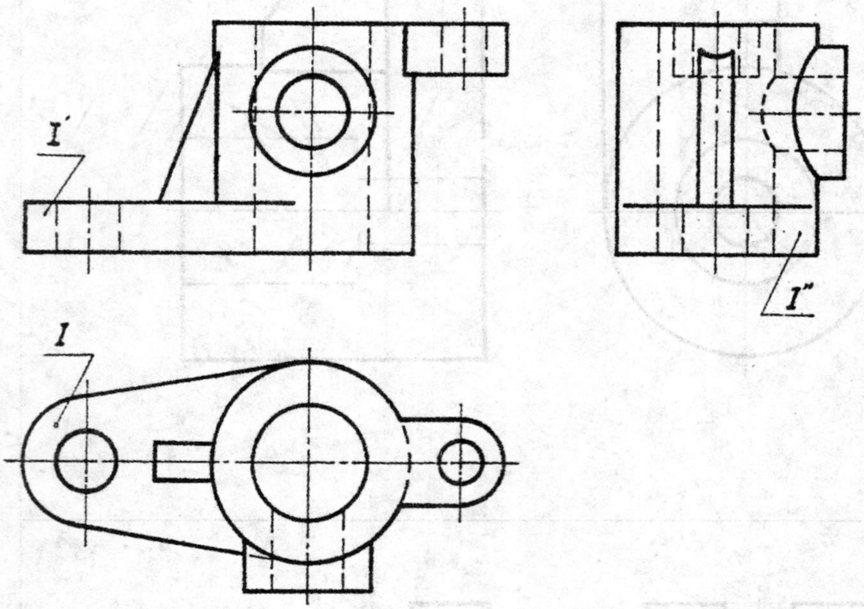

标注形体的定形尺寸及组合体的总体尺寸。

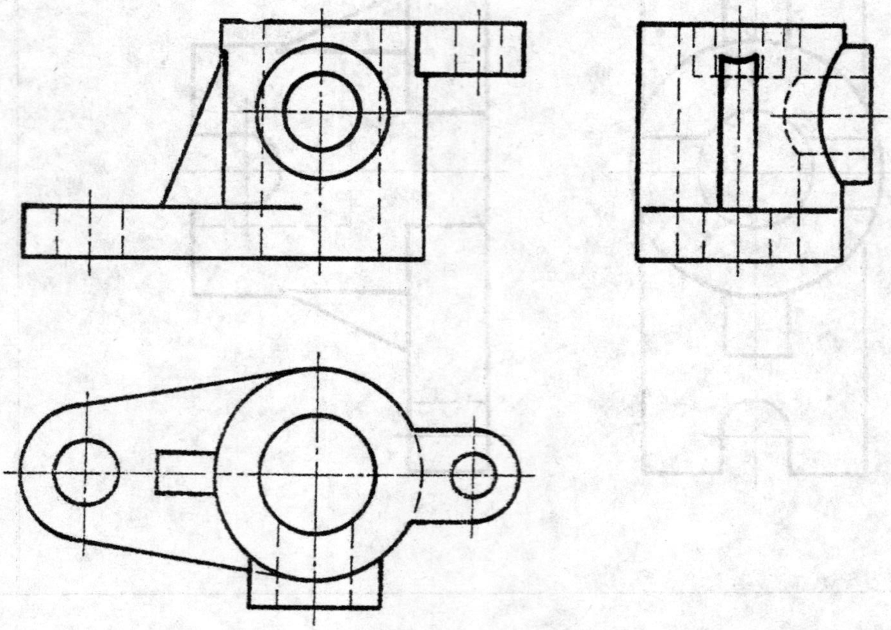

7-4　根据轴测图画出组合体的三视图　　　　班级　　　　姓名

1.

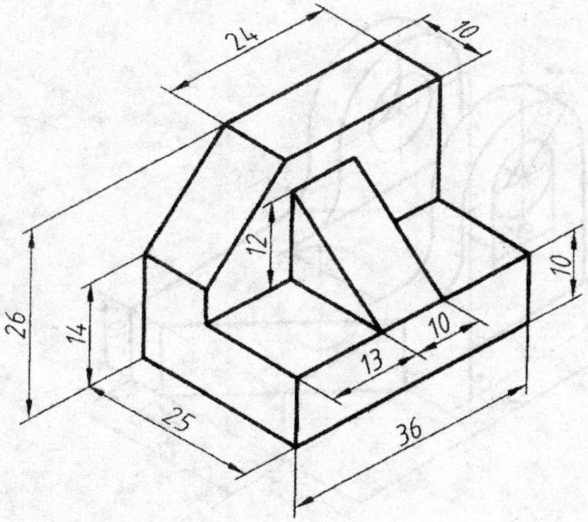

2.

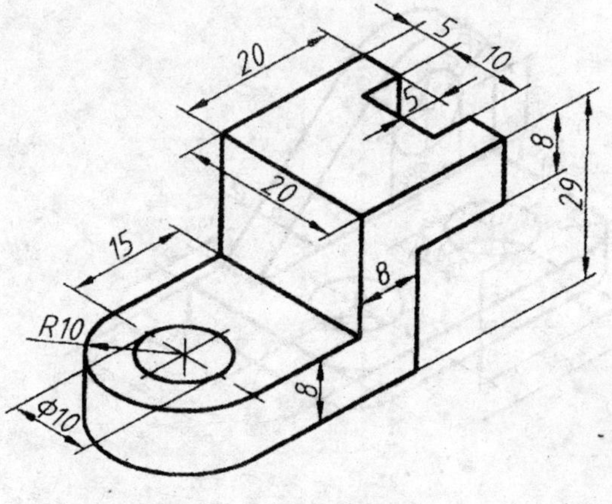

3.

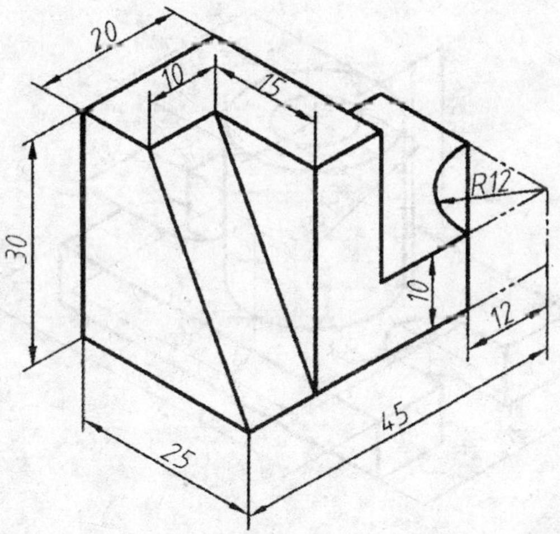

4.

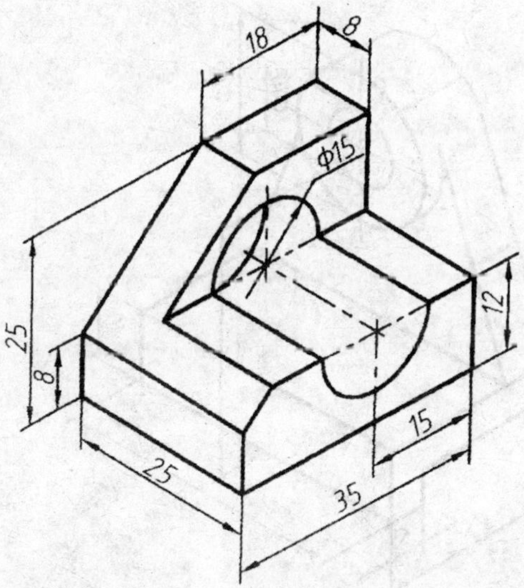

5.

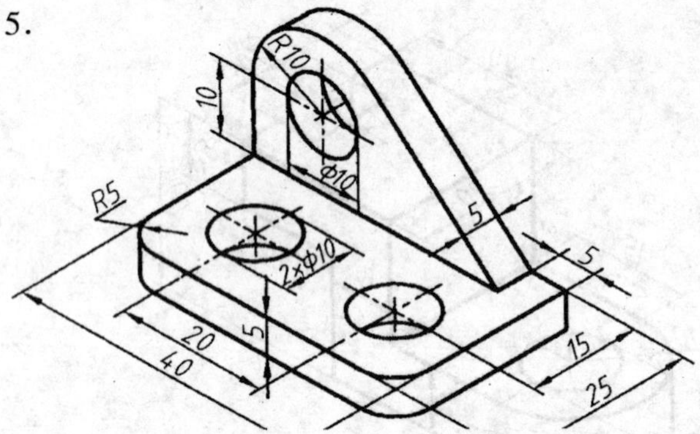
R10
10
Φ10
R5
2×Φ10
5
5
20
40
5
15
25

6.

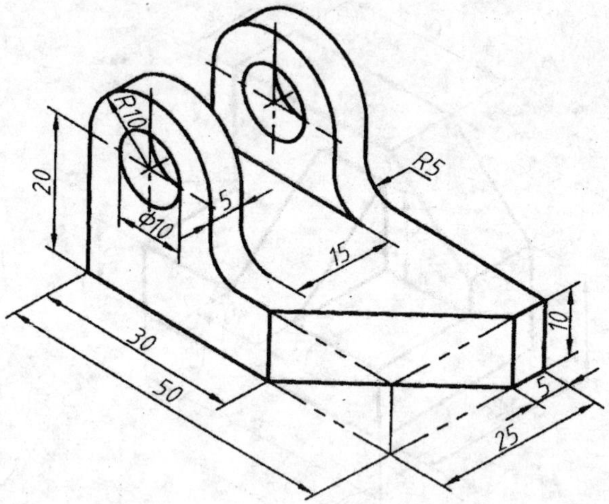
R10
20
Φ10
5
R5
15
30
50
10
5
25

7.

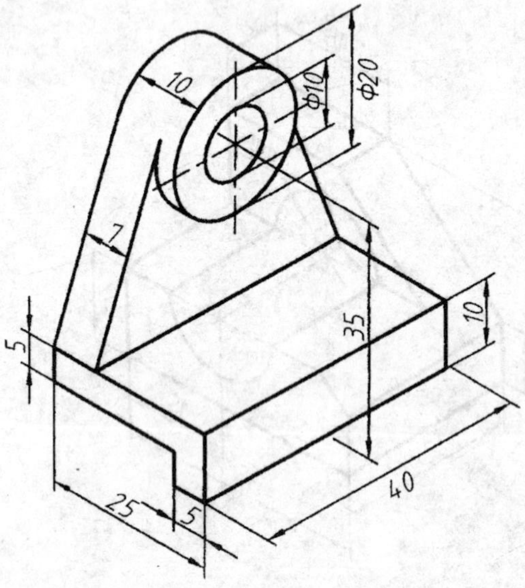
10
Φ10
Φ20
7
35
10
5
25
5
40

8.

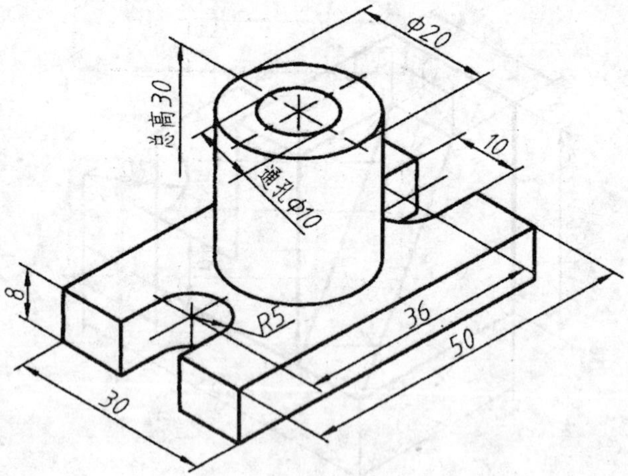
Φ20
总高30
10
通孔Φ10
8
R5
36
50
30

根据机件的三视图，补全机件的其余三个基本视图。

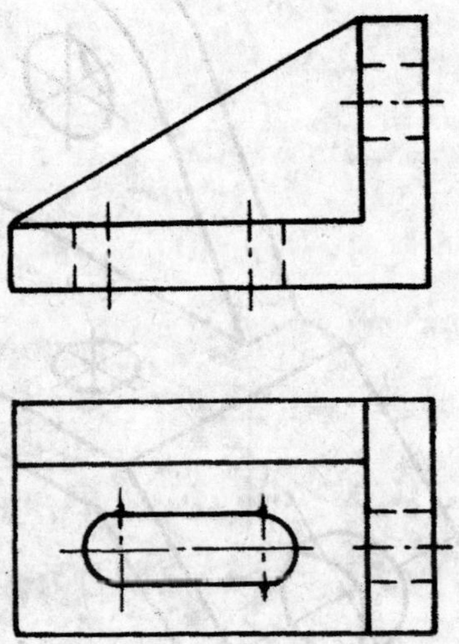

根据机件的主视图和轴测图，在指定位置补画其局部视图和斜视图（缺少的尺寸按 1:1 从轴测图中量取）。

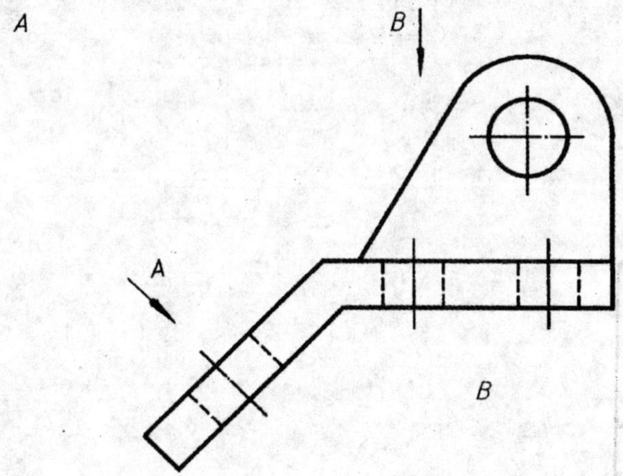

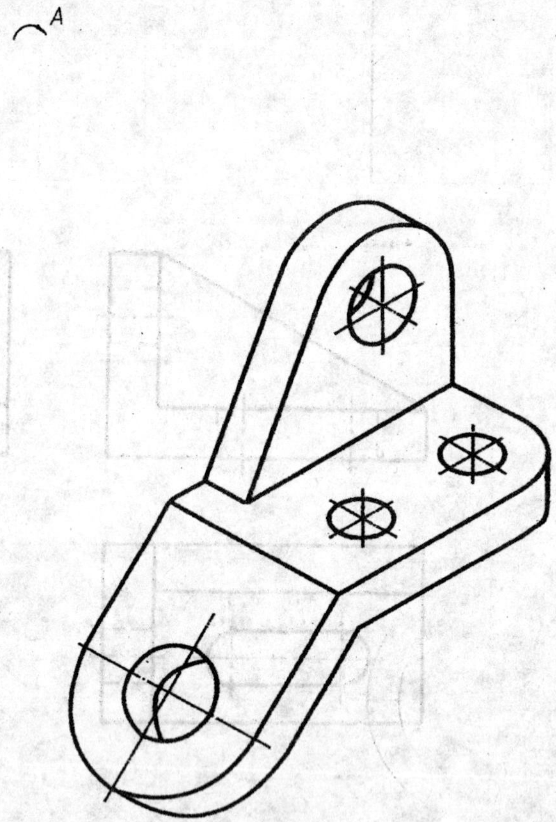

1. 改正全剖视图中的错误。

(1)

(2)

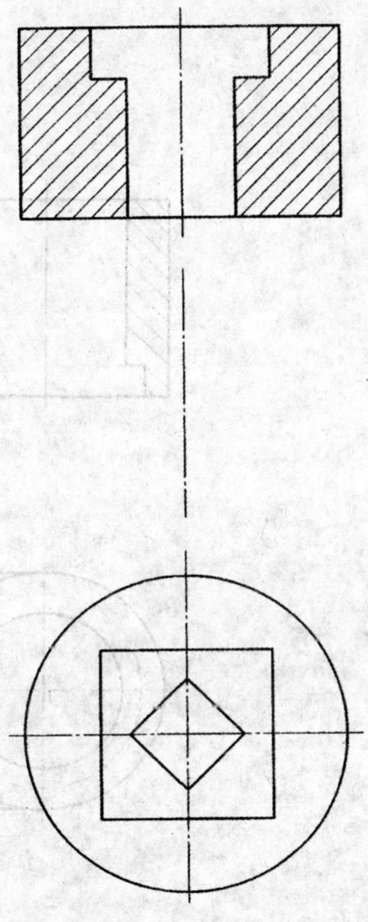

(3)

2. 补画剖视图中缺漏的图线。

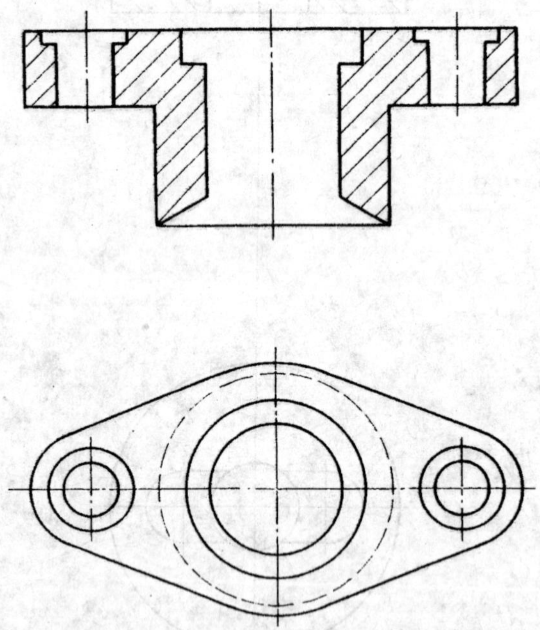

3. 补画剖视图中缺漏的图线。

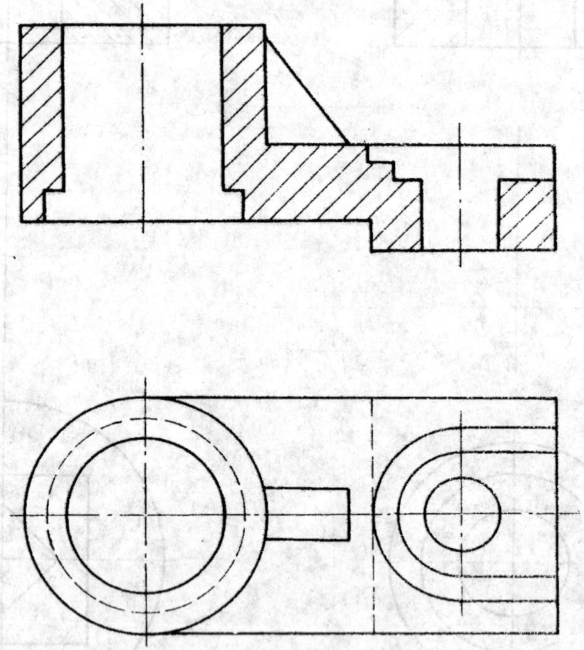

4. 在指定位置将机件的主视图画成全剖视图。

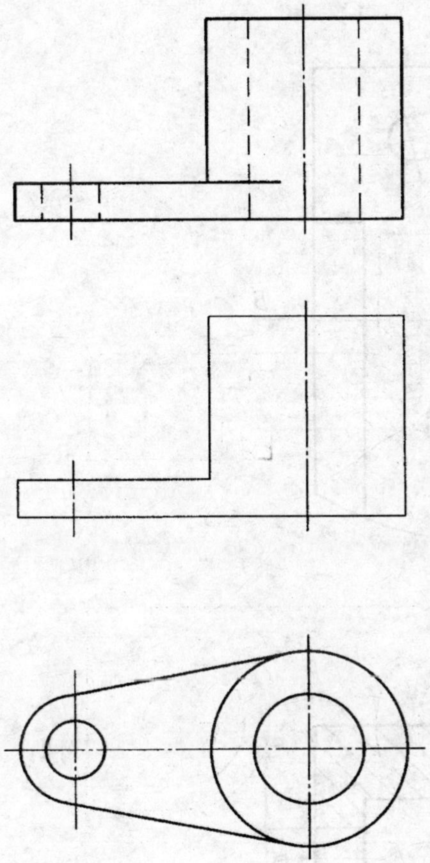

5. 在指定位置将机件的主视图画成全剖视图。

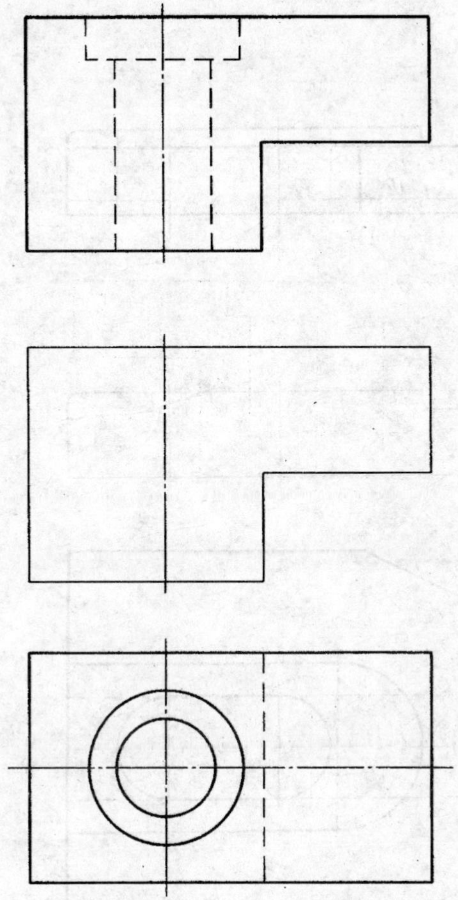

6. 将机件的主视图改画为剖视图。

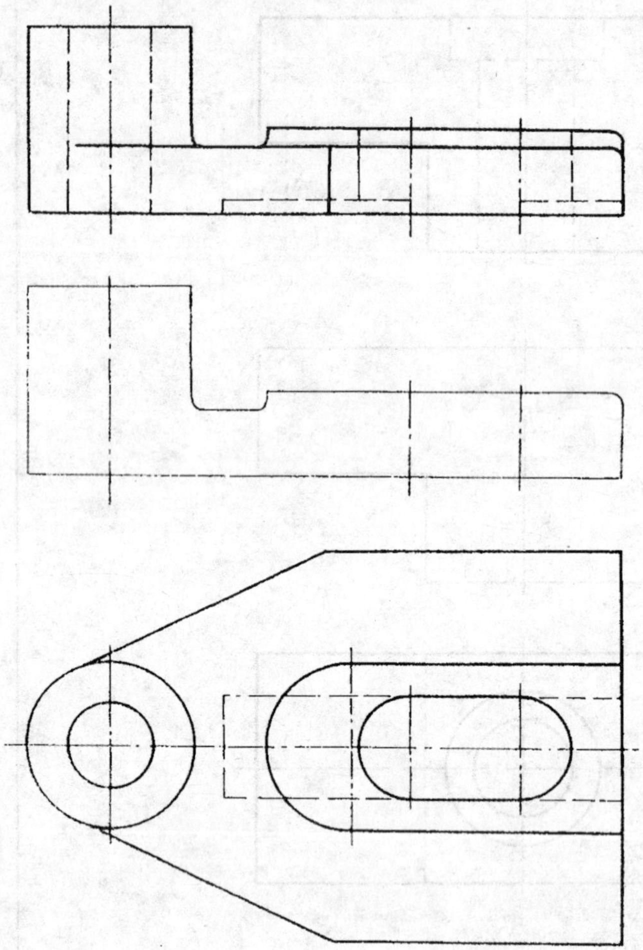

*7. 画出刀架体的 *A-A* 剖视。

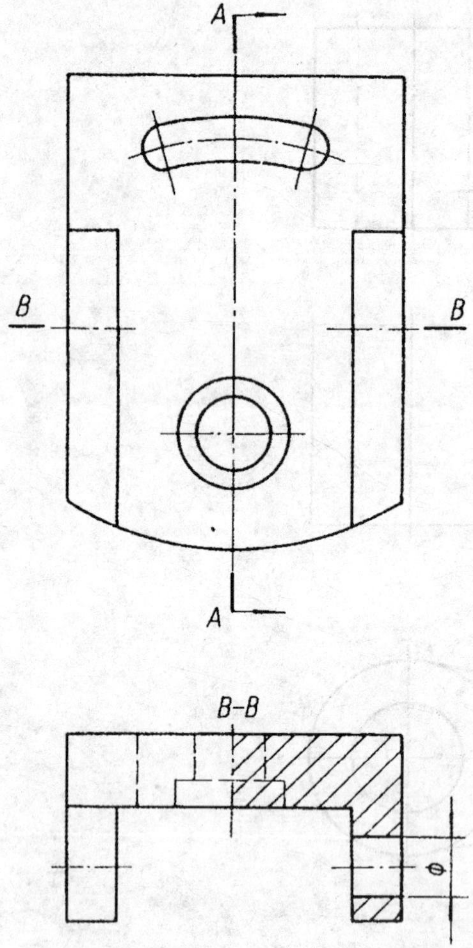

8. 将主视图改画为剖视图。

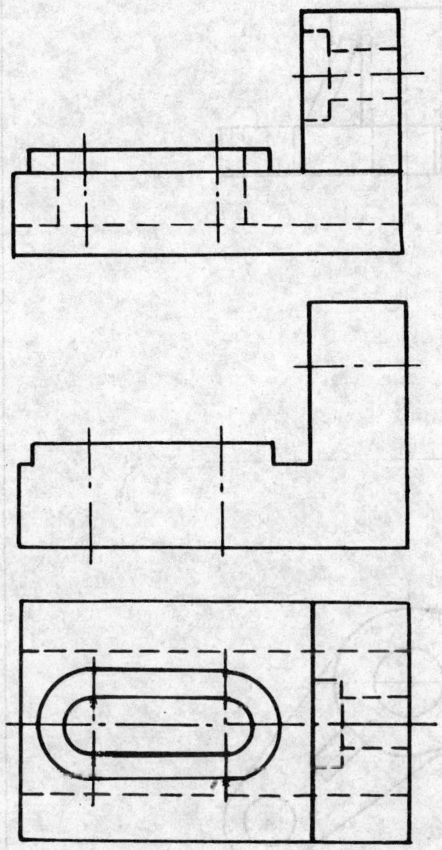

9. 将主视图改画为半剖视图，并画出 *A-A* 剖视。

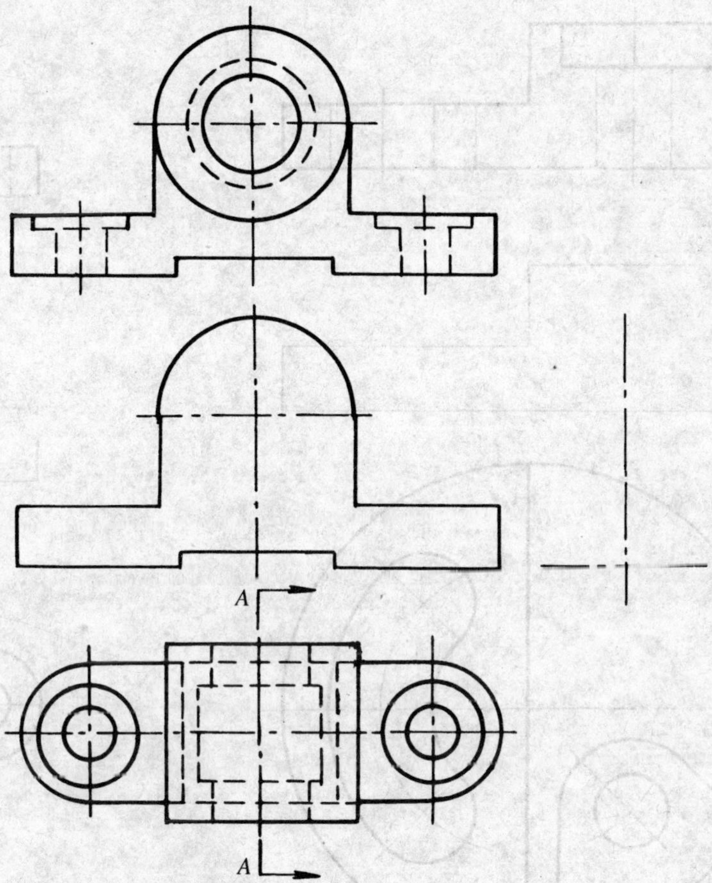

10. 将机件的主视图改画为合适的剖视图。

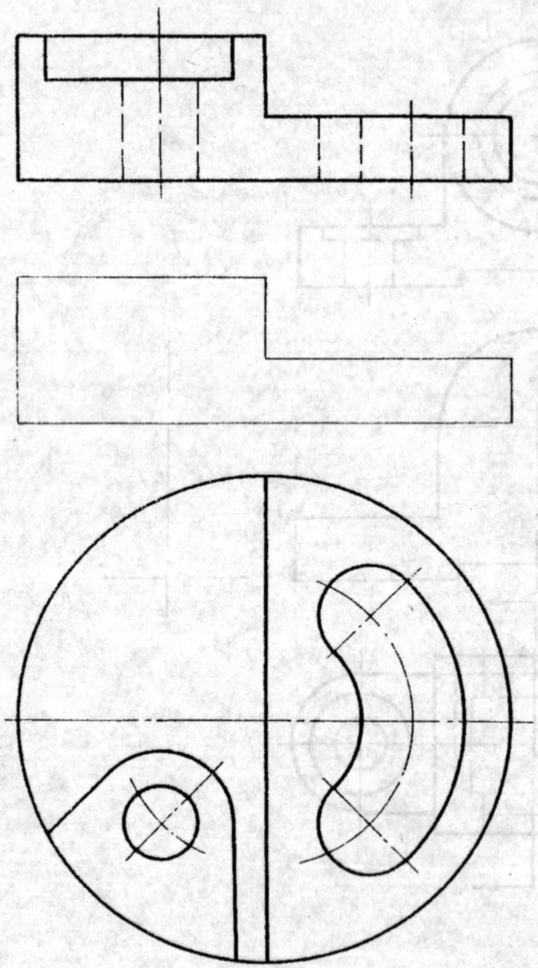

11. 将机件的主视图改画为合适的剖视图。

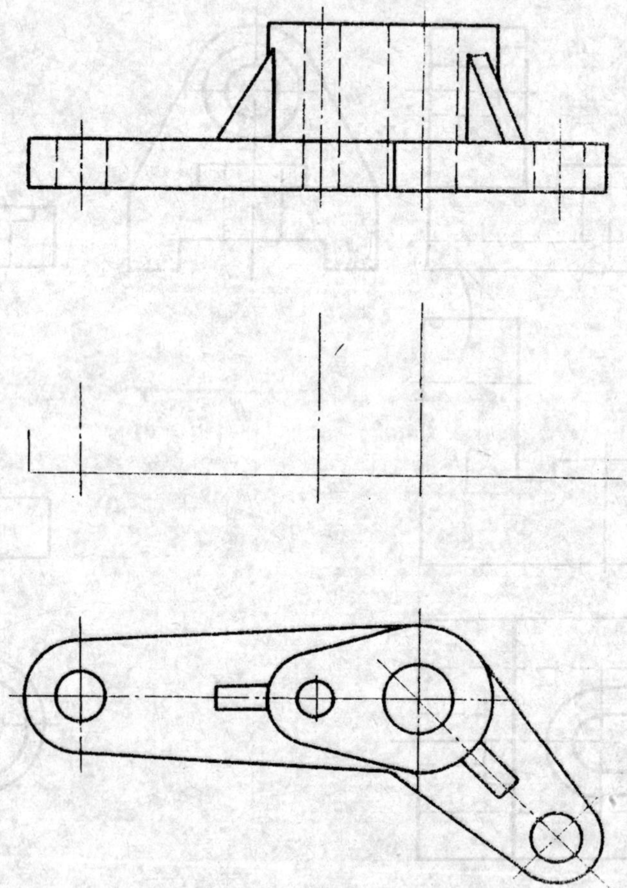

12. 画出 *A-A* 斜剖视。

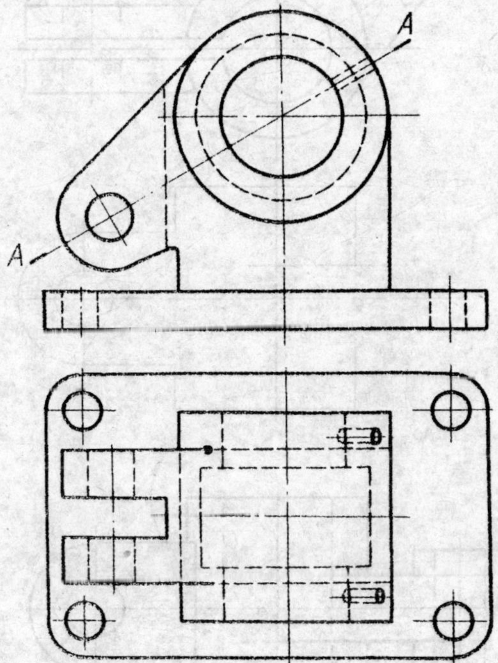

13. 画出 *A-A* 斜剖视。

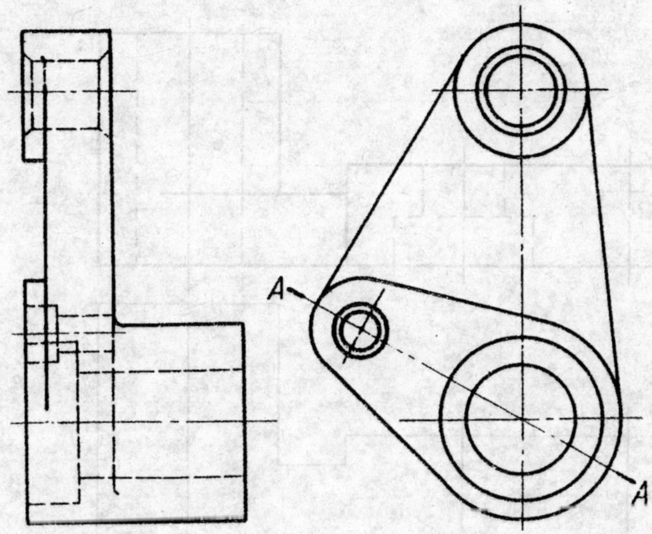

14. 采用阶梯剖，将机件的主视图画成全剖视图。

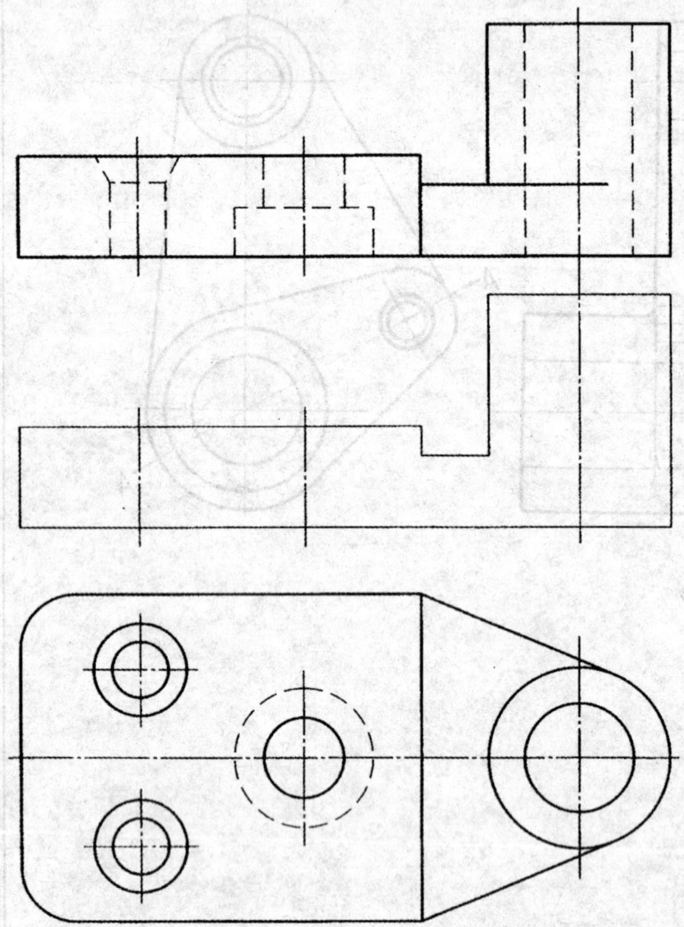

15. 将机件的俯视图画成全剖视图（旋转剖）。

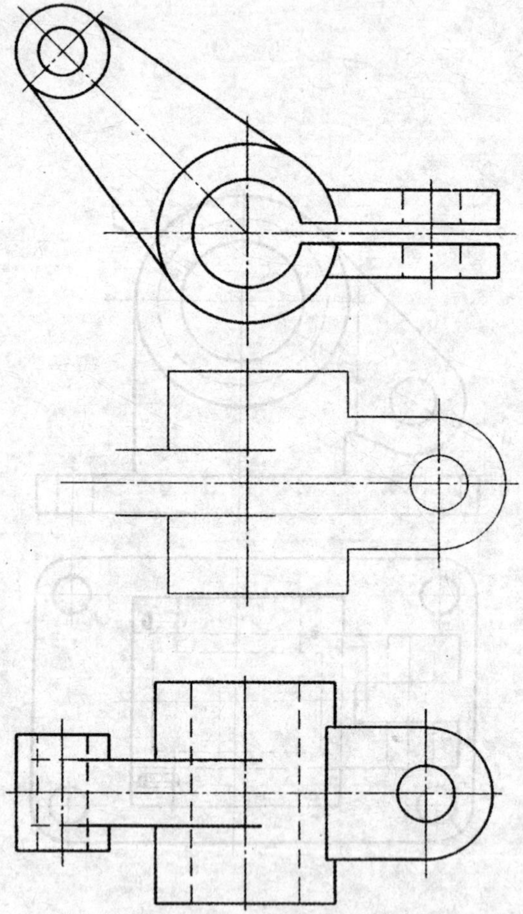

16. 将机件的主视图改为合适的剖视图。

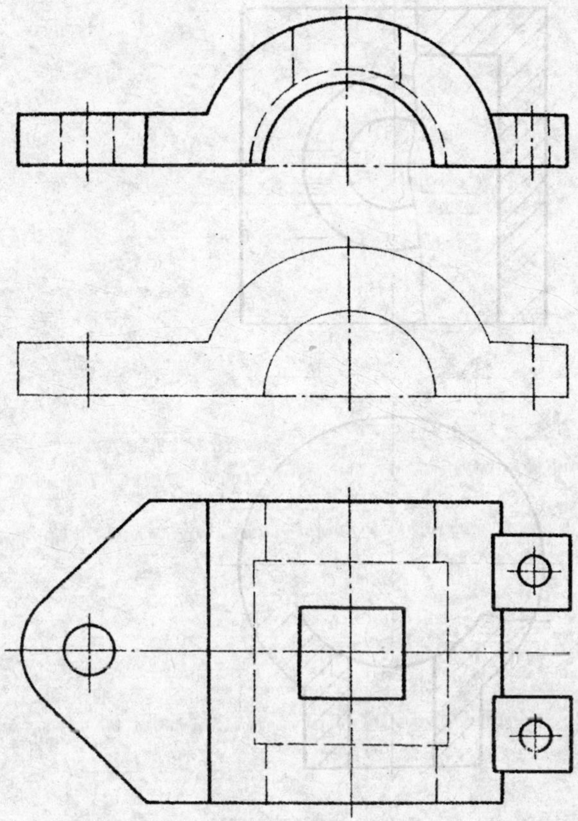

17. 画出机件的 *A-A* 剖视。

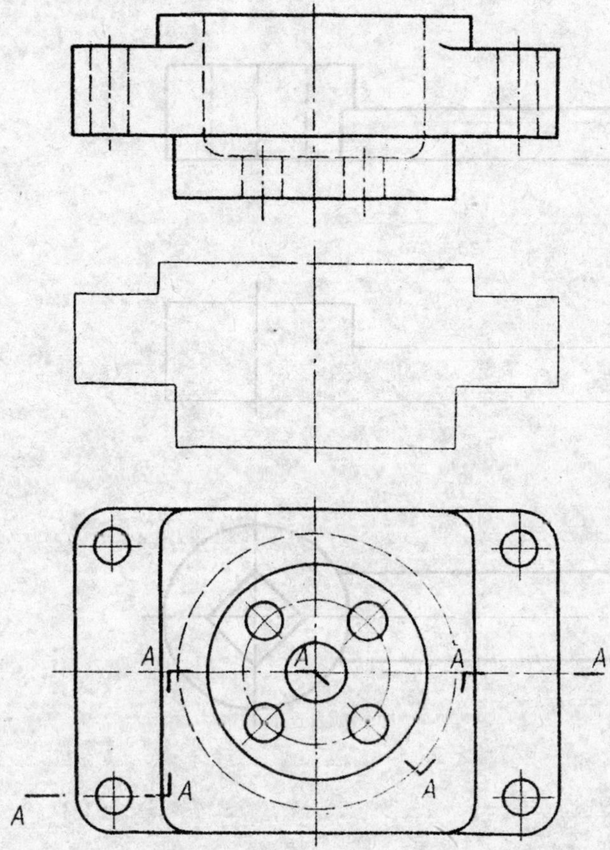

18. 将主视图改画为局部剖视。

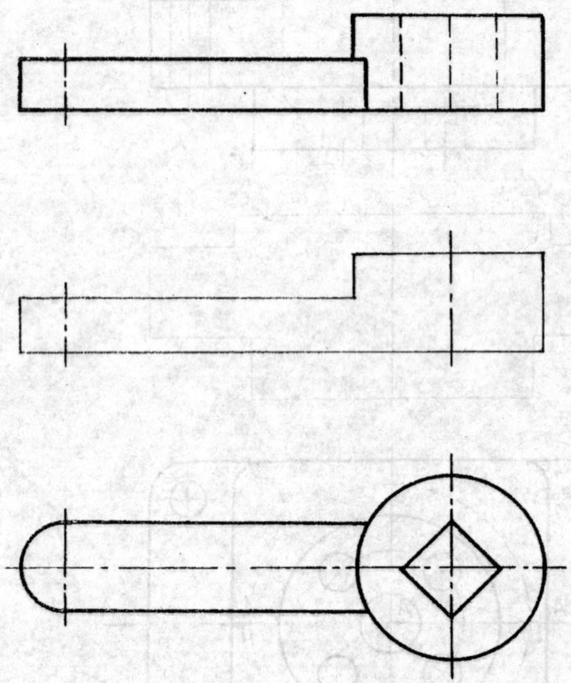

19. 改正局部视图中波浪线的错误画法。

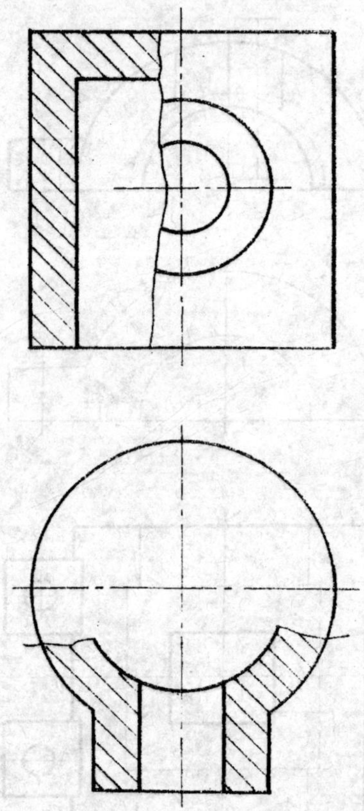

20. 将主视图画成局部剖。

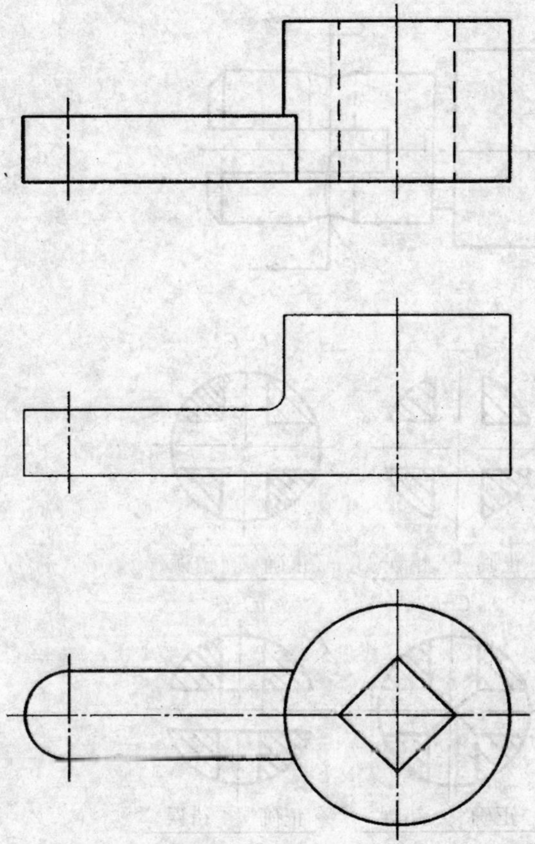

21. 把主视图、俯视图画成局部剖视图（保留线加深）。

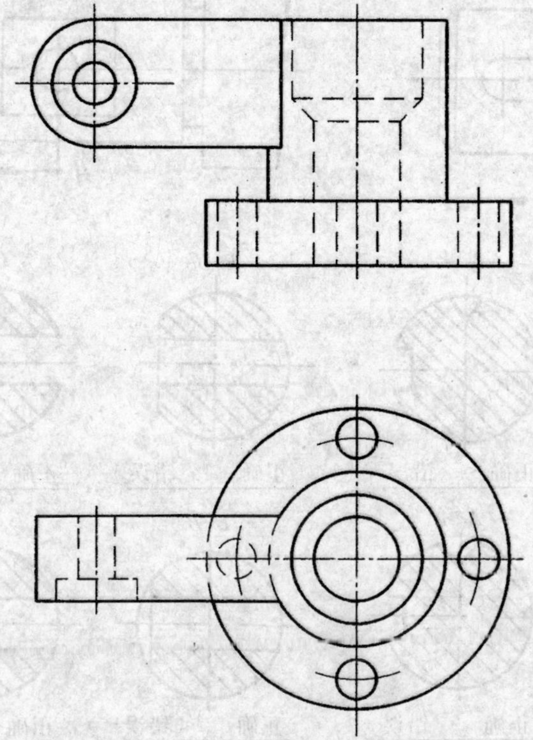

1.

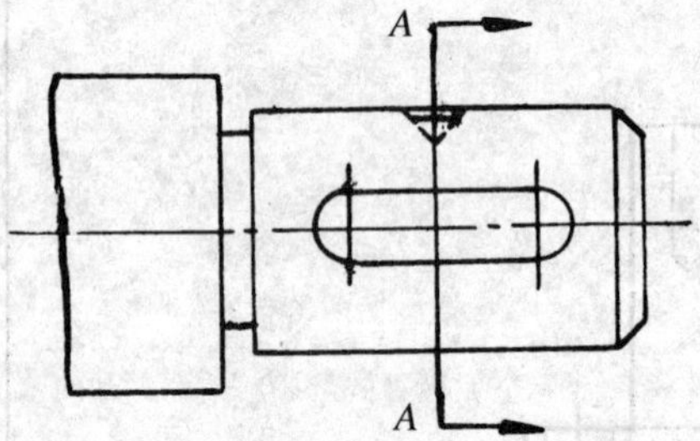

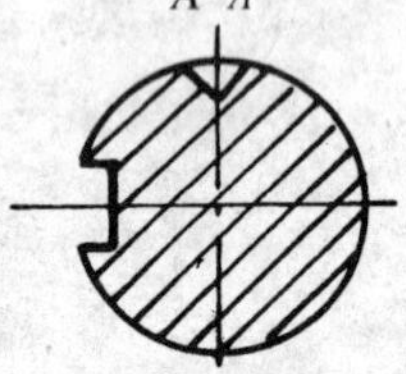

正确　　错误

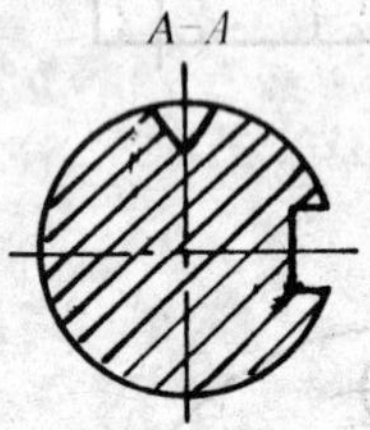

正确　　错误

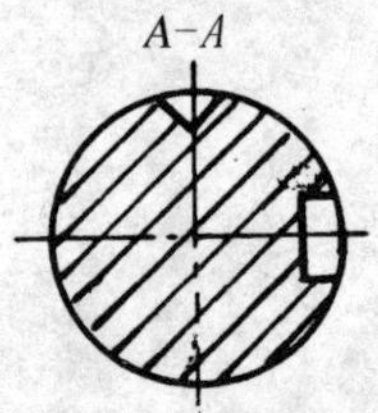

正确　　错误

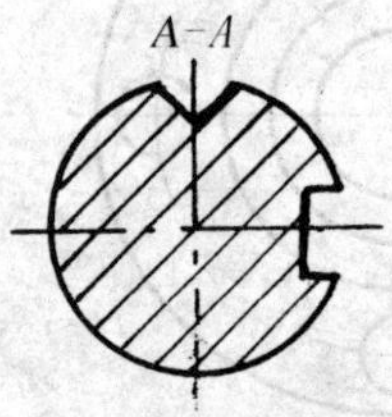

正确　　错误

2.

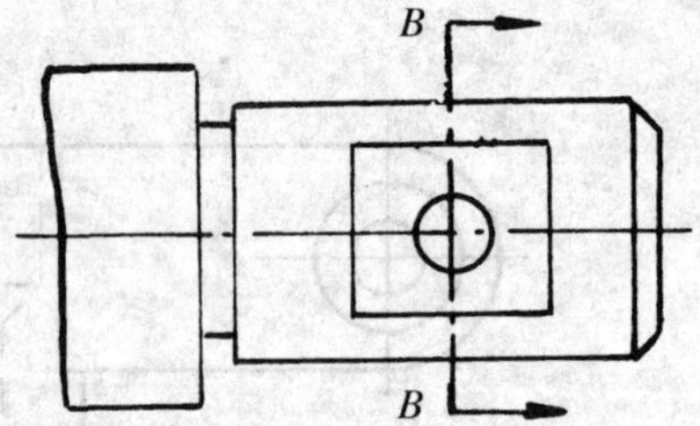

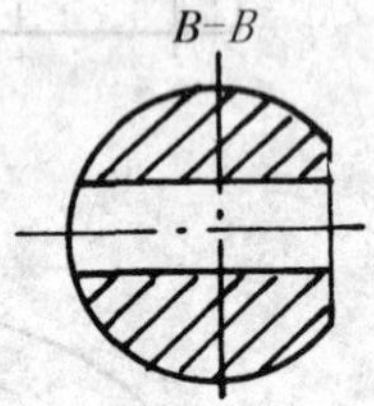

正确　　错误

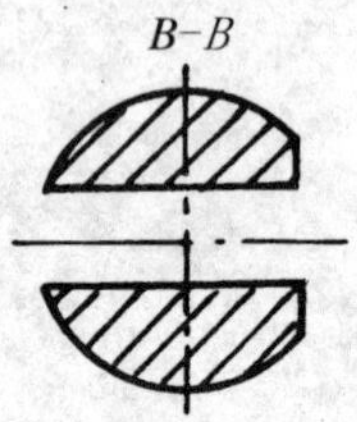

正确　　错误

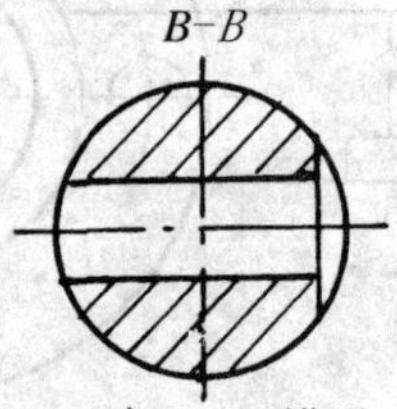

正确　　错误

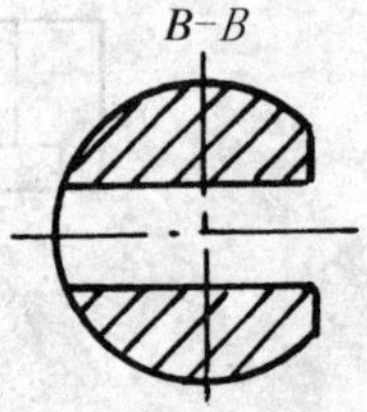

正确　　错误

3.

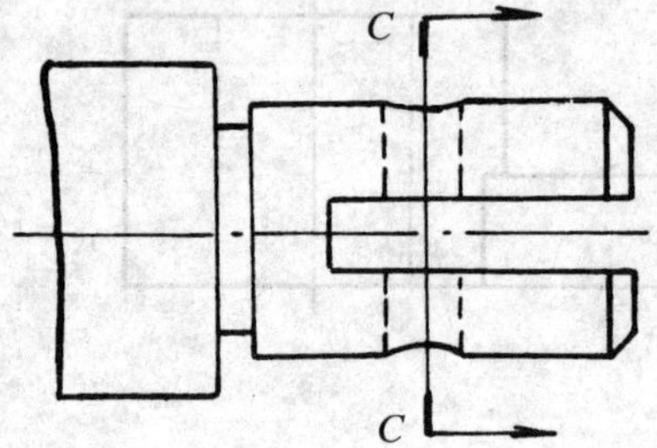

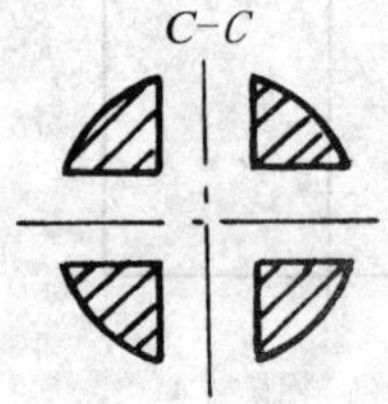

正确　　错误

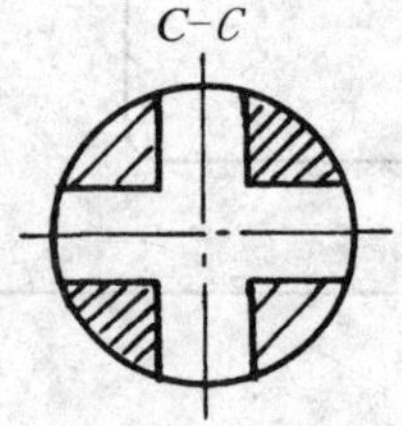

正确　　错误

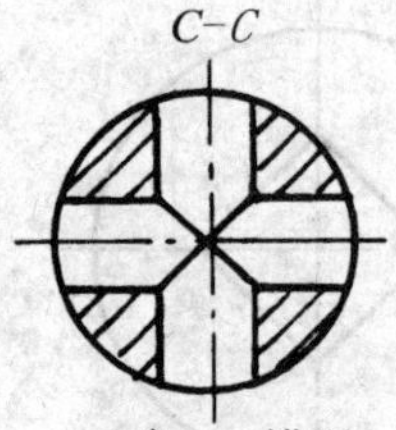

正确　　错误

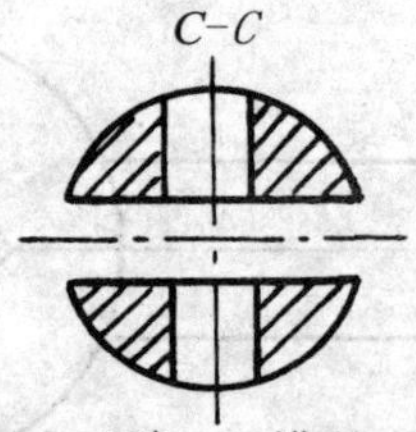

正确　　错误

8-3 断面图（续）　　　　班级　　　　姓名

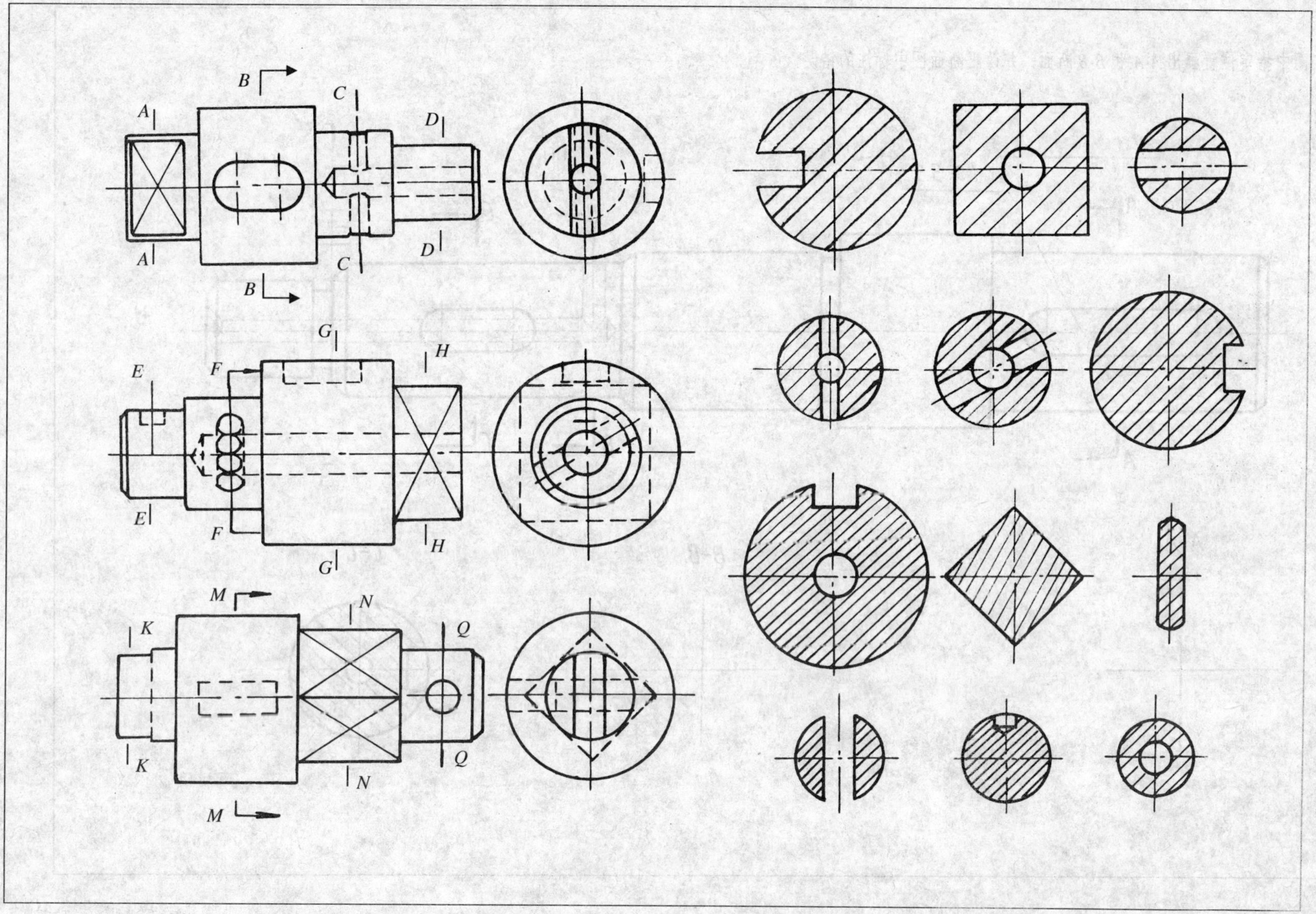

在图中指定位置画出 *A-A* 和 *B-B* 断面，并改正断面图中标注的错误。

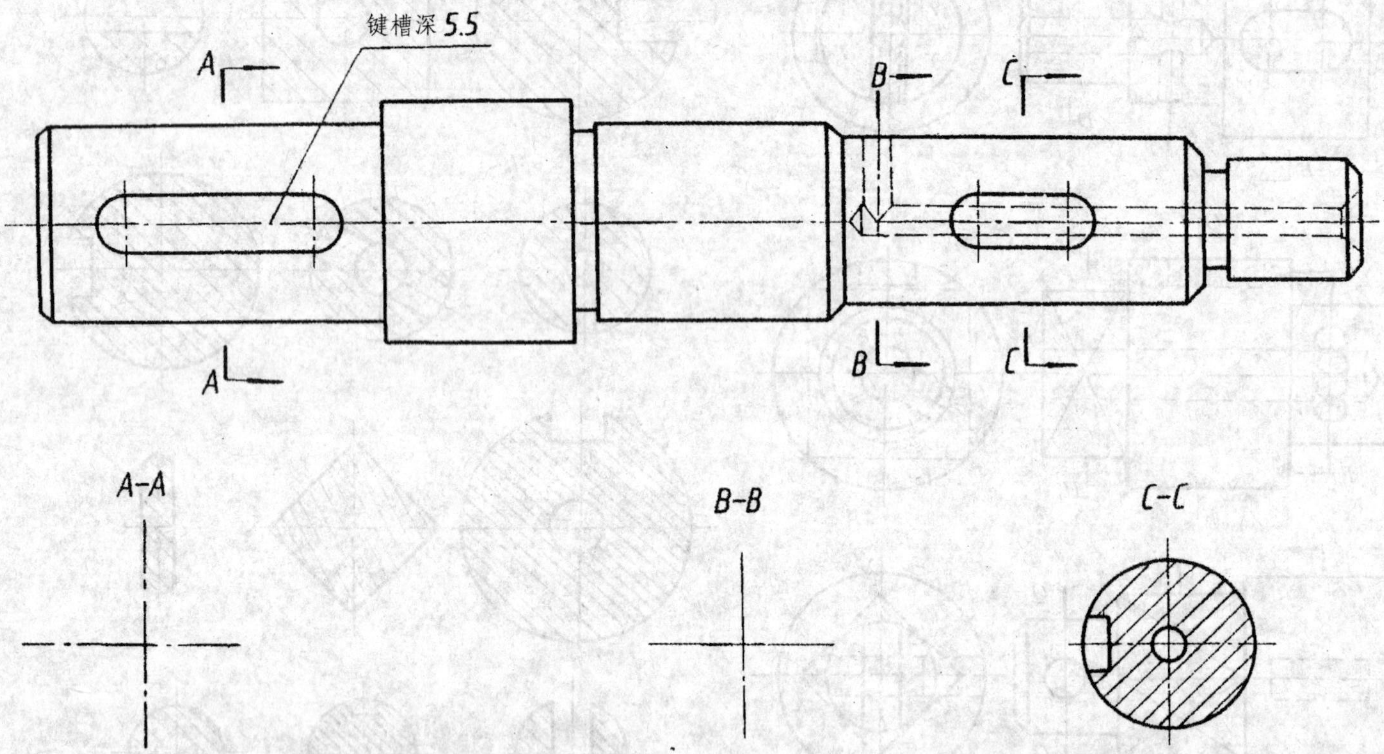

1. 改正剖视图中的错误，在给出的位置画出正确的剖视图。

(1)

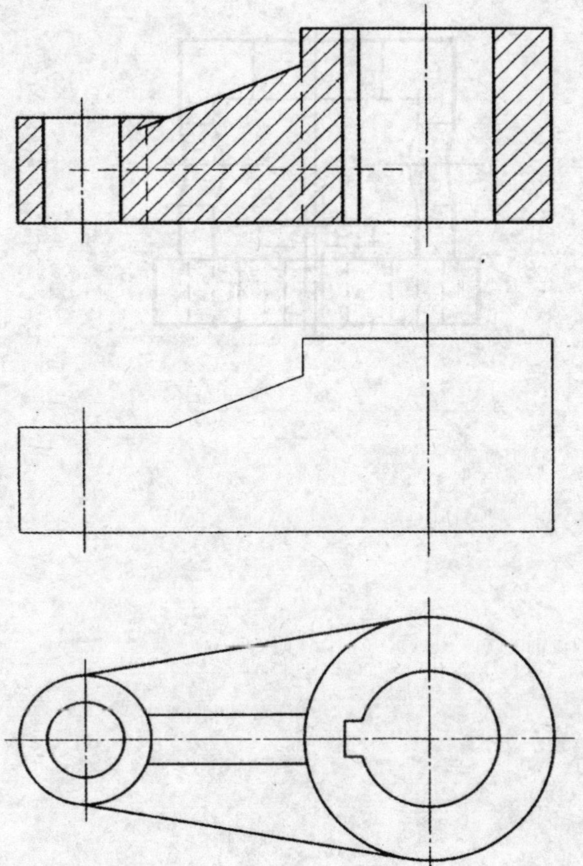

(2)

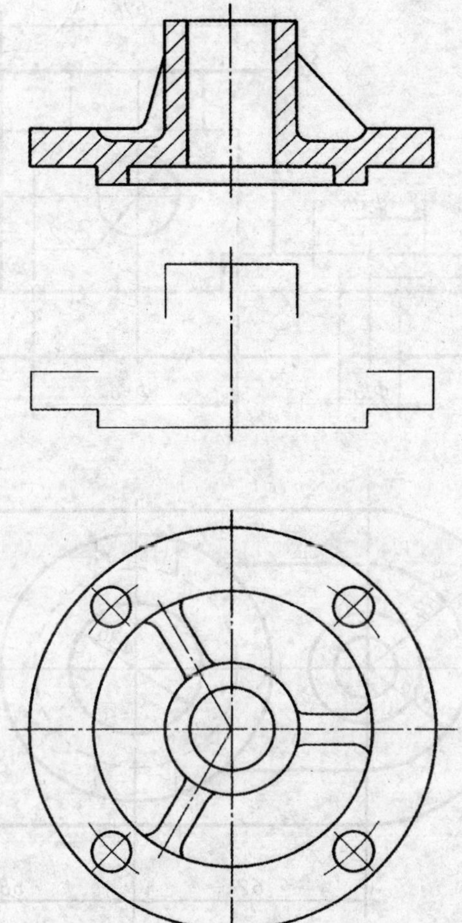

8-5 将机件的视图改成适当的剖视图（A3 图幅） 班级 姓名

(按比例 1:1 绘制)

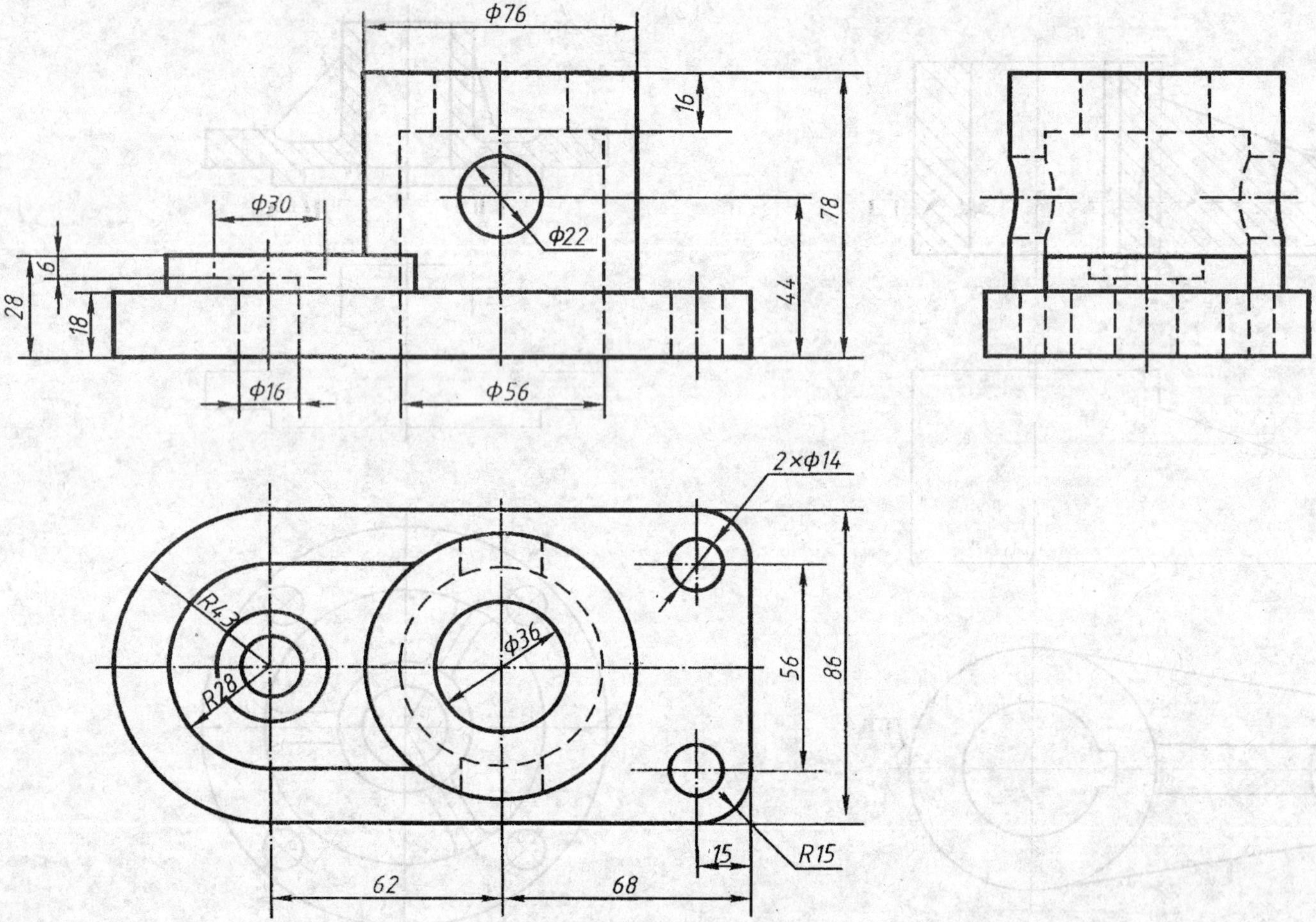

(按比例 2:1 绘制)

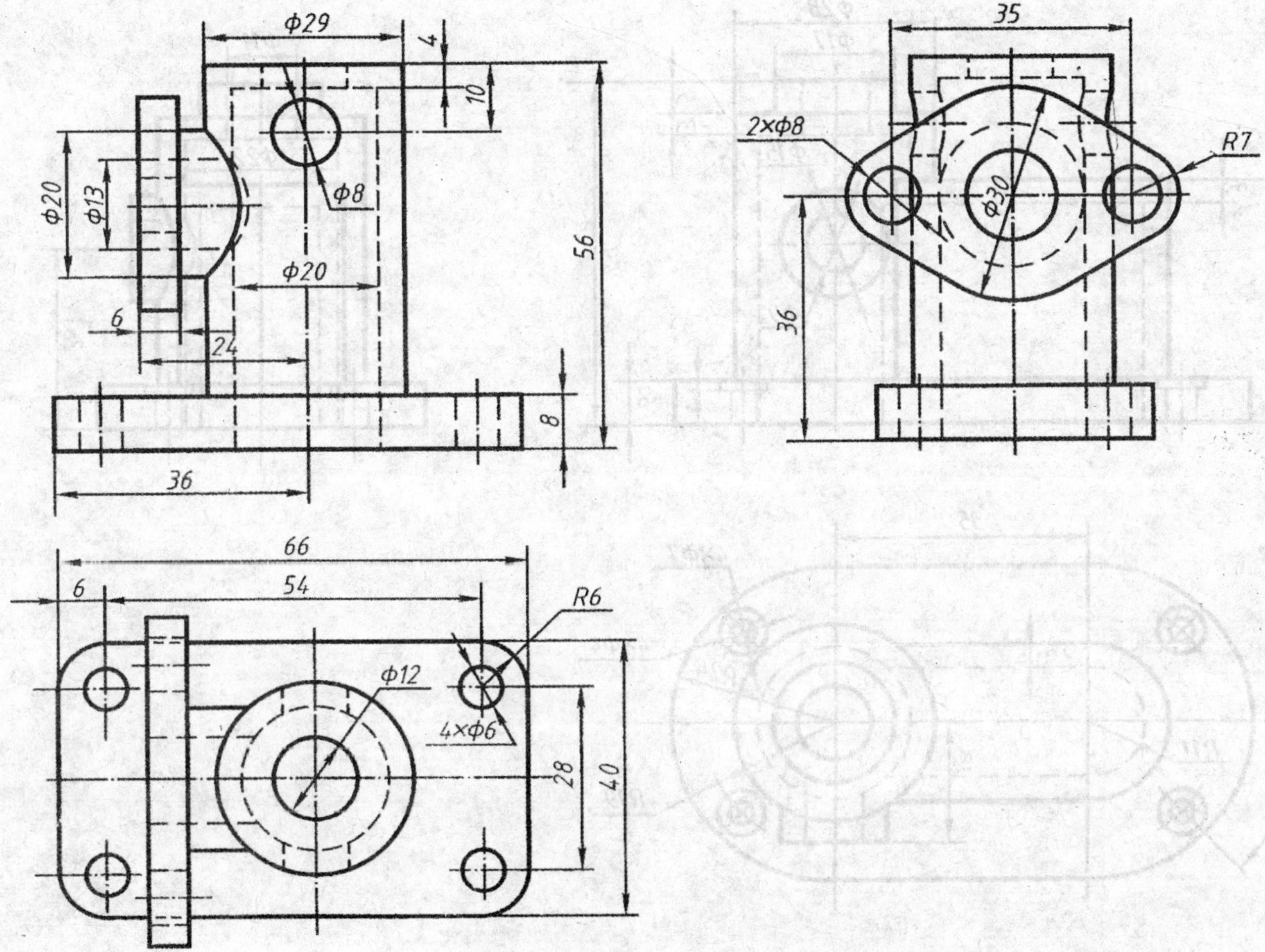
φ29
4
10
φ20
φ13
φ8
φ20
56
6
24
8
36
35
2×φ8
R7
φ30
36
66
6
54
R6
φ12
4×φ6
28
40

(按比例 2:1 绘制)

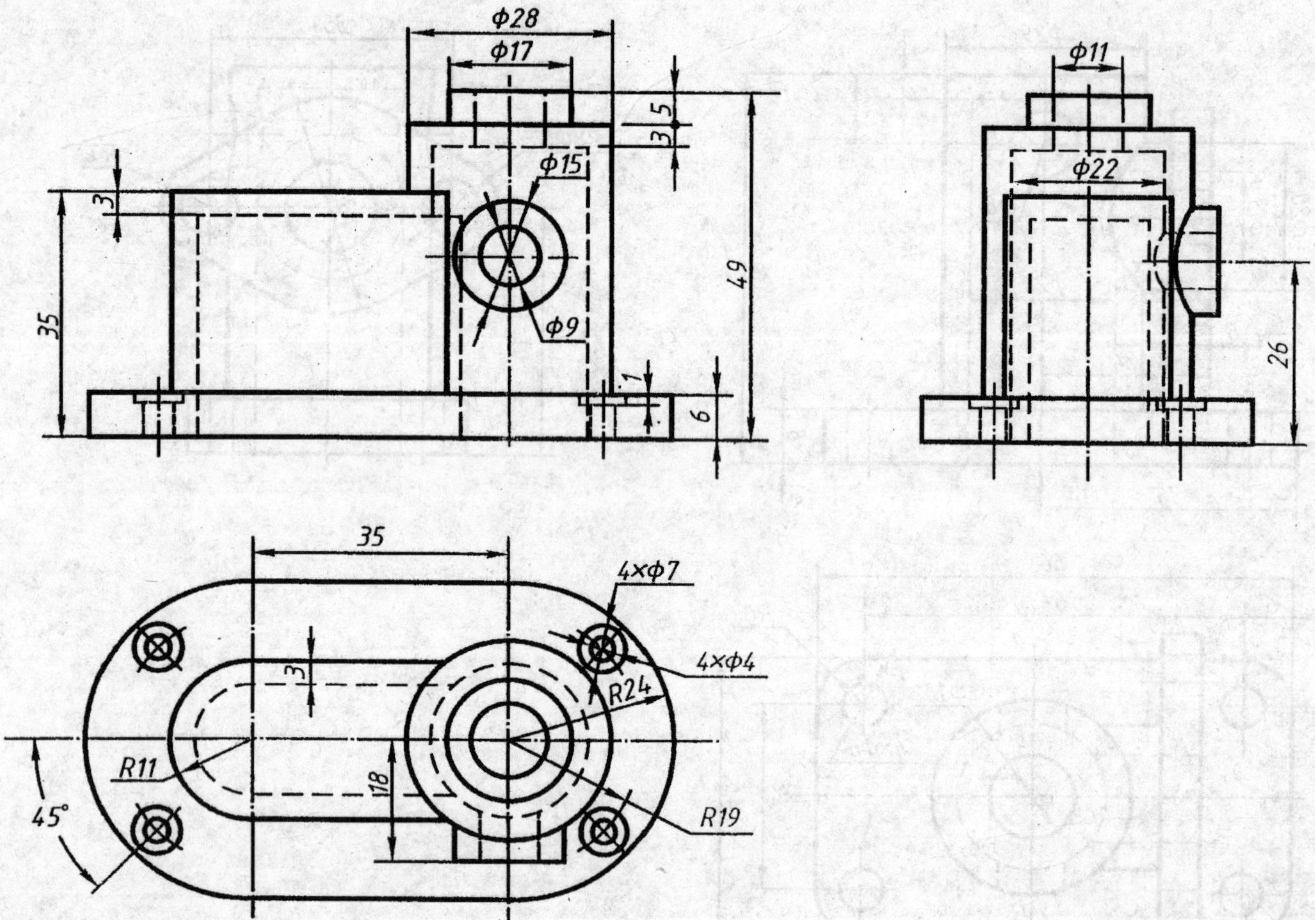

φ28
φ17
φ11
3.5
3.5
φ15
φ22
3
35
49
φ9
26
1
6
35
4×φ7
4×φ4
3
R24
R11
18
45°
R19

9-1 螺纹

班级　　　　　　姓名

1. 分析下列错误画法，把正确答案画在下方。

（1）

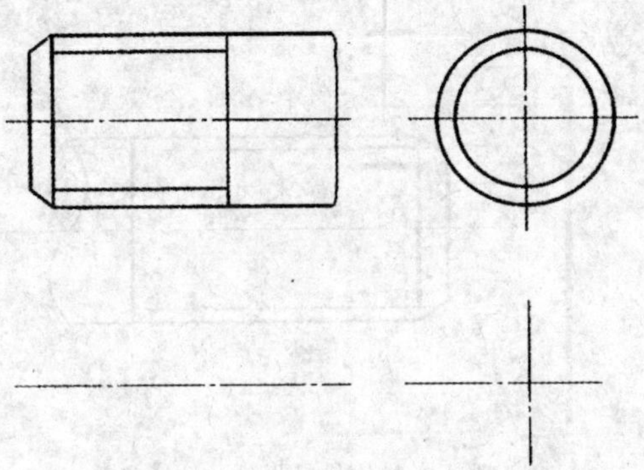

（2）

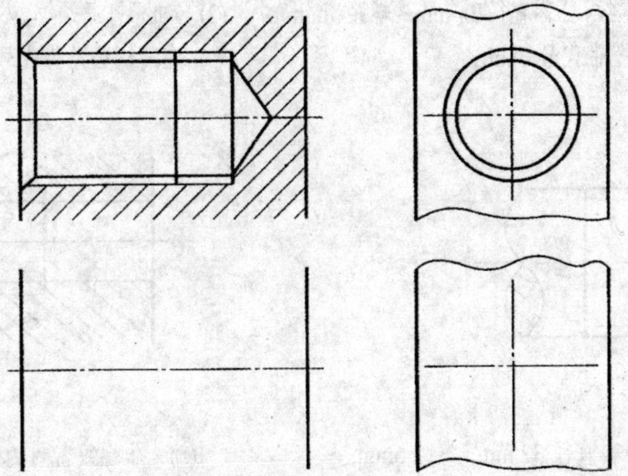

（3）

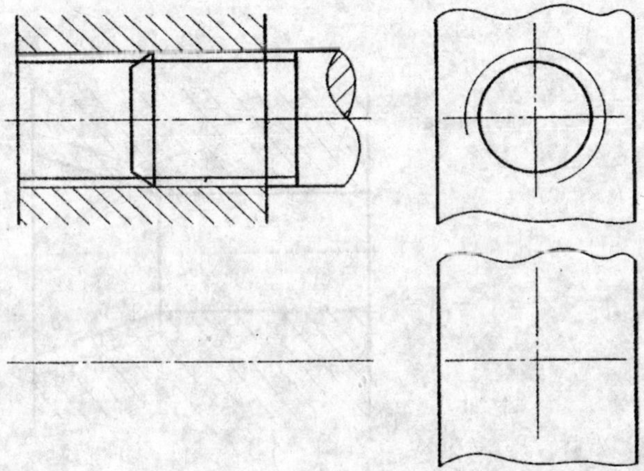

（4）

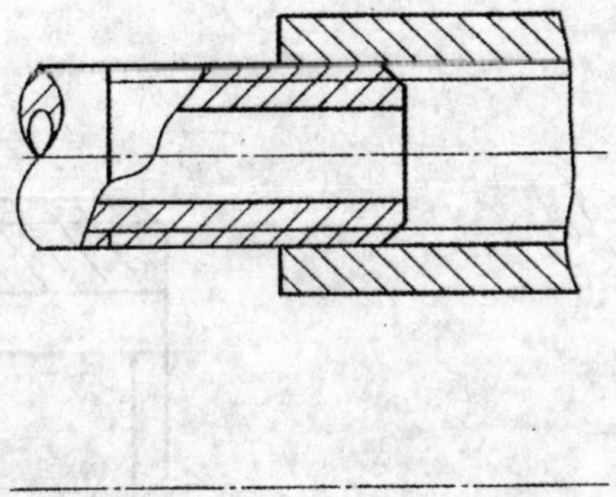

2. 根据给定的螺纹要素，标注螺纹的规定标记。

(1) 粗牙普通螺纹，公称直径 24 mm，螺距 3mm，单线，左旋，公差带代号 7h6h。

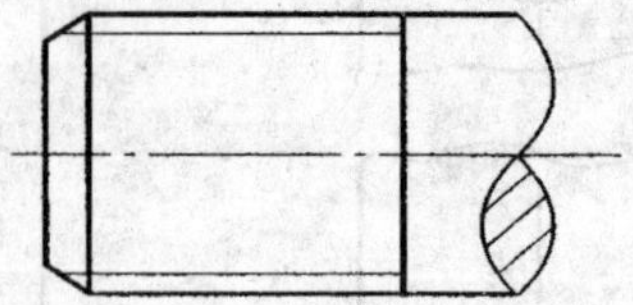

(2) 细牙普通螺纹，公称直径 20 mm，螺距 1.5mm，左旋，公差带代号 7H。

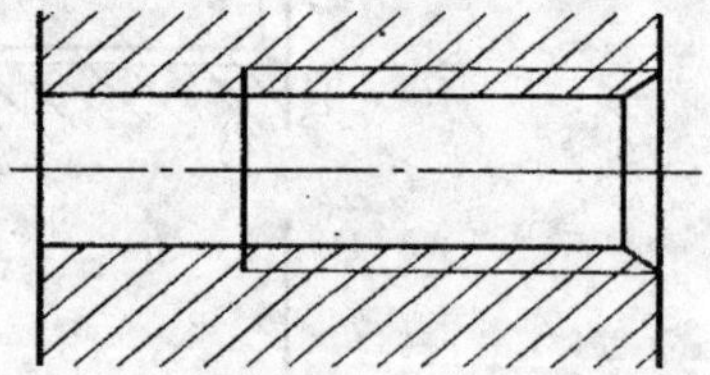

(3) 细牙普通螺纹，公称直径 30 mm，螺距 1.5mm，右旋，公差带代号 5g6g，，短旋合长度。

(4) 梯形螺纹，公称直径 32 mm，螺距 6mm，双线，左旋，公差带代号 7e。

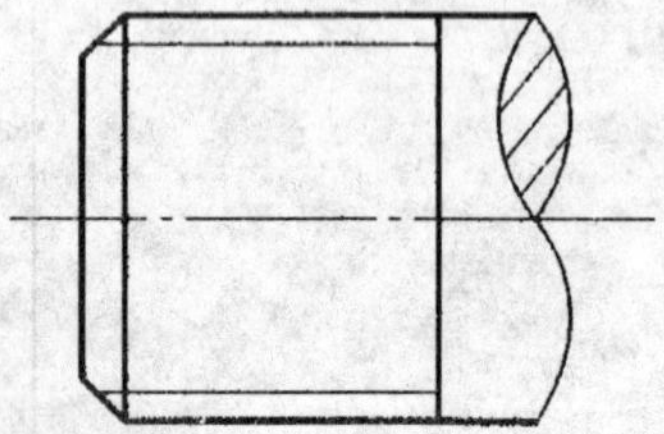

(5) 非螺纹密封的管螺纹，尺寸代号 7/8，公差等级 A 级，右旋。

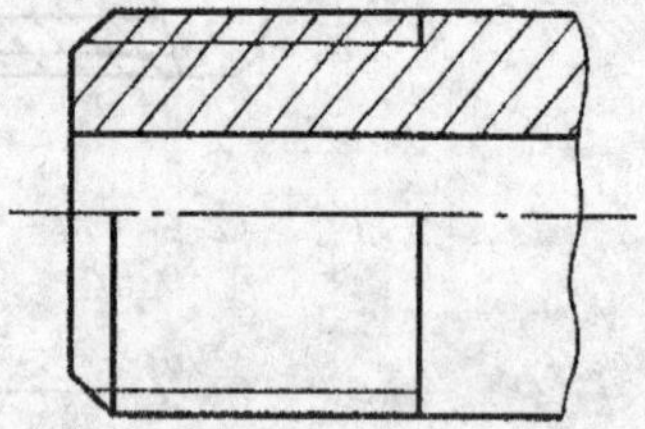

(6) 螺纹密封的锥管螺纹，尺寸代号 1/2，右旋。

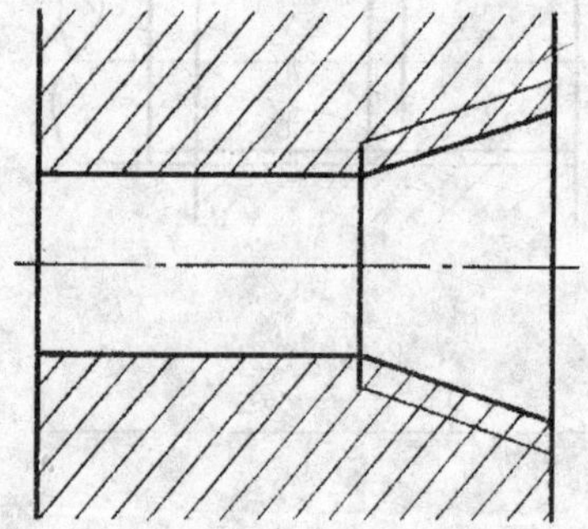

3. 螺纹紧固件连接的作图。

(1) 已知螺栓 GB5782-86 M20 × 1,螺母 GB6170-86M20,垫圈 GB97.1-85 20,画出螺栓连接的三视图（1:1）。

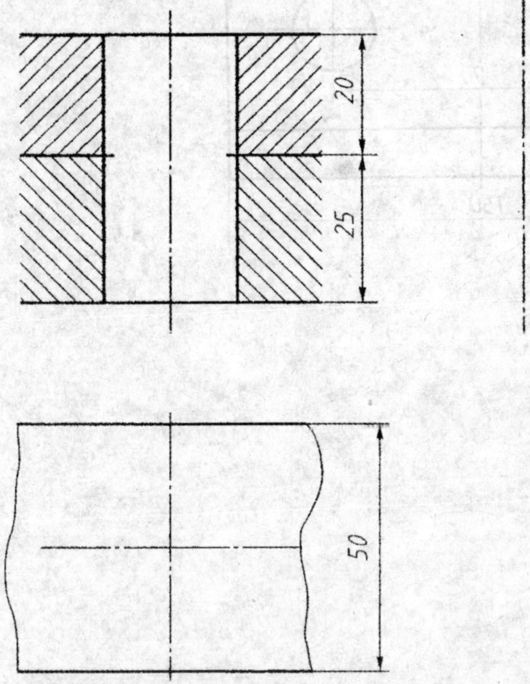

(2) 已知双头螺栓 GB898-88 M16 × 1,螺母 GB6170-86 M16,垫圈 GB97.1-85 16，画出螺栓连接的主、俯视图（1:1）。

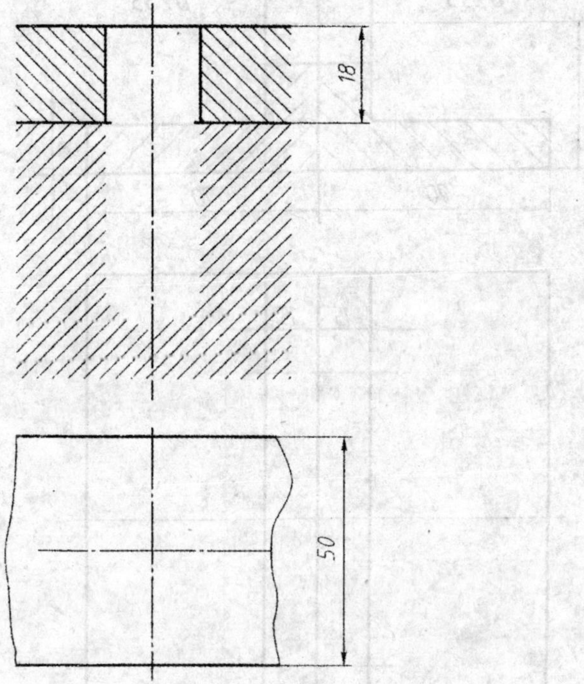

4. 用 M20 的螺栓连接两弯板，画出螺栓连接图（画在 A3 图纸上）。

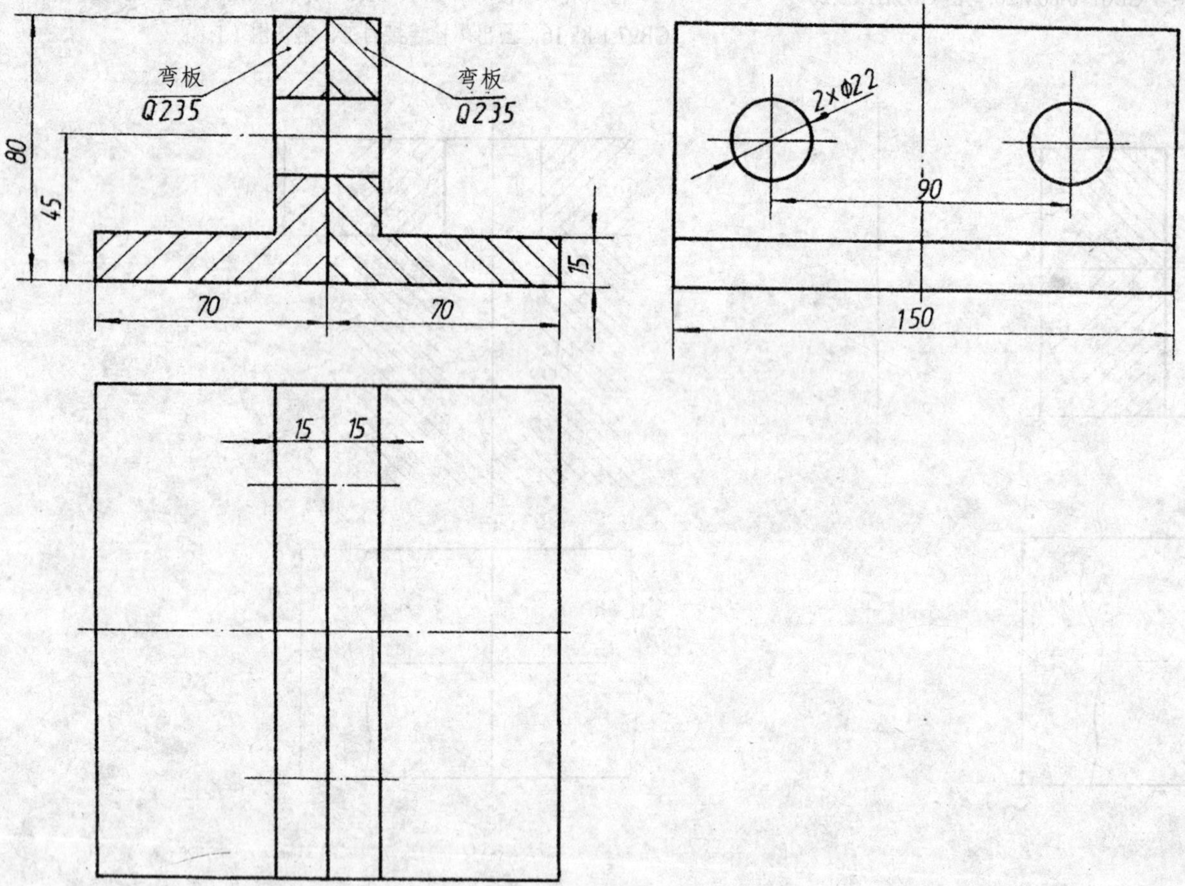

根据要求完成键及键连接图。

（1） 查表确定普通平键和键槽的尺寸，完成下列图形，并标注键槽尺寸。

（2） 标记________________

（3）用键将轴和齿轮连接起来，完成其连接图。

1. 已知直齿圆柱齿轮的模数 m=5, 齿数 z=40, 试计算该齿轮的分度圆、齿顶圆、齿根圆直径，用 1:2 完成下列两视图，并注尺寸。

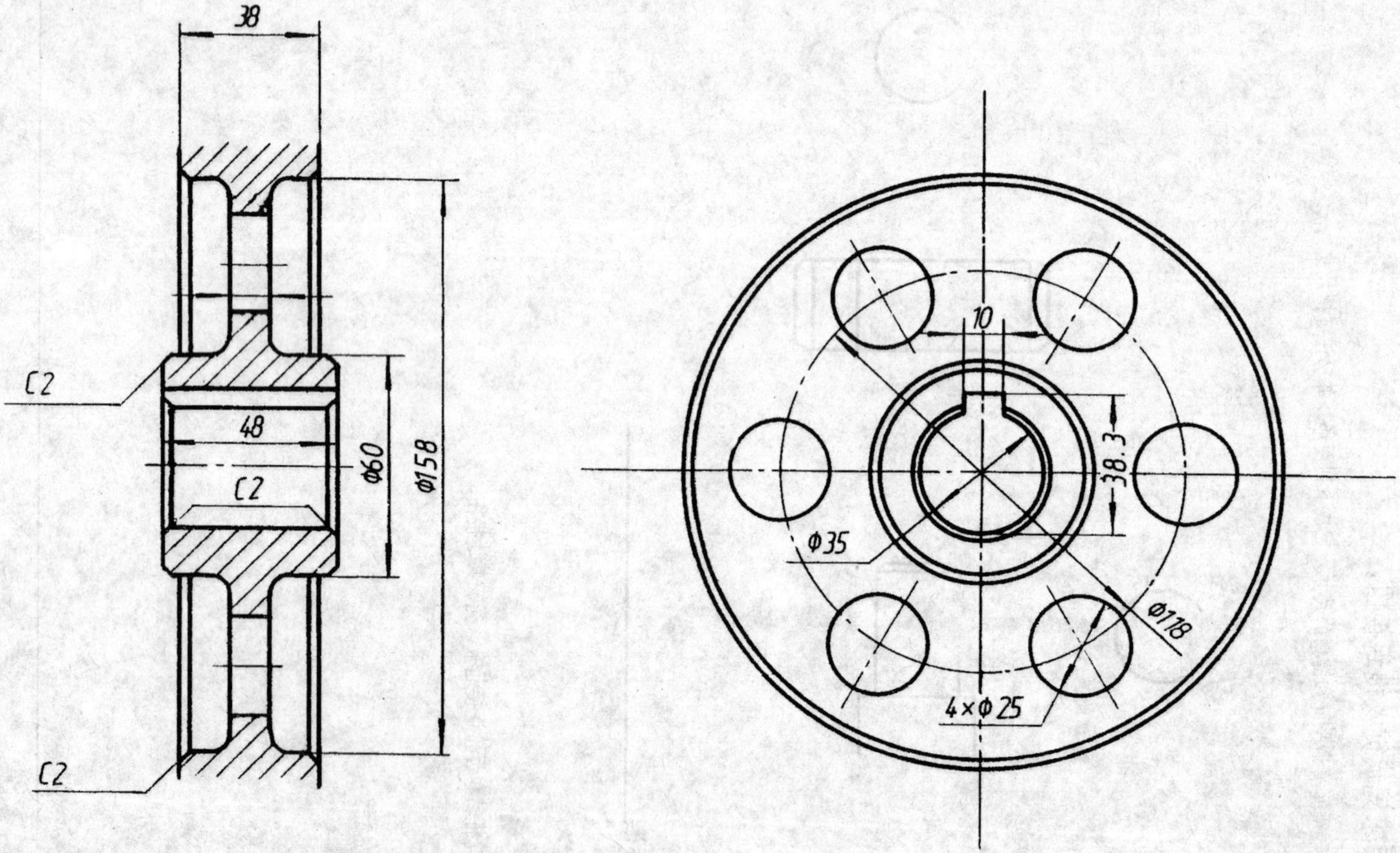

2. 已知一对直齿圆柱齿轮的中心距 a=96mm，小齿轮齿数 z_1=18、大齿轮齿数 z_2=30，试计算大小齿轮的分度圆、齿顶圆、齿根圆直径，用 1:2 完成下图。

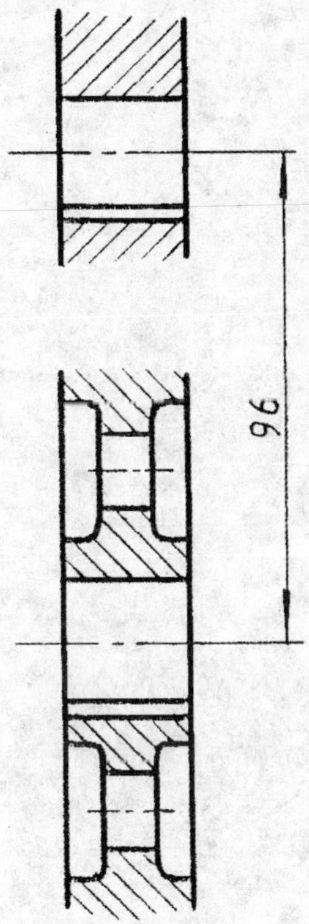

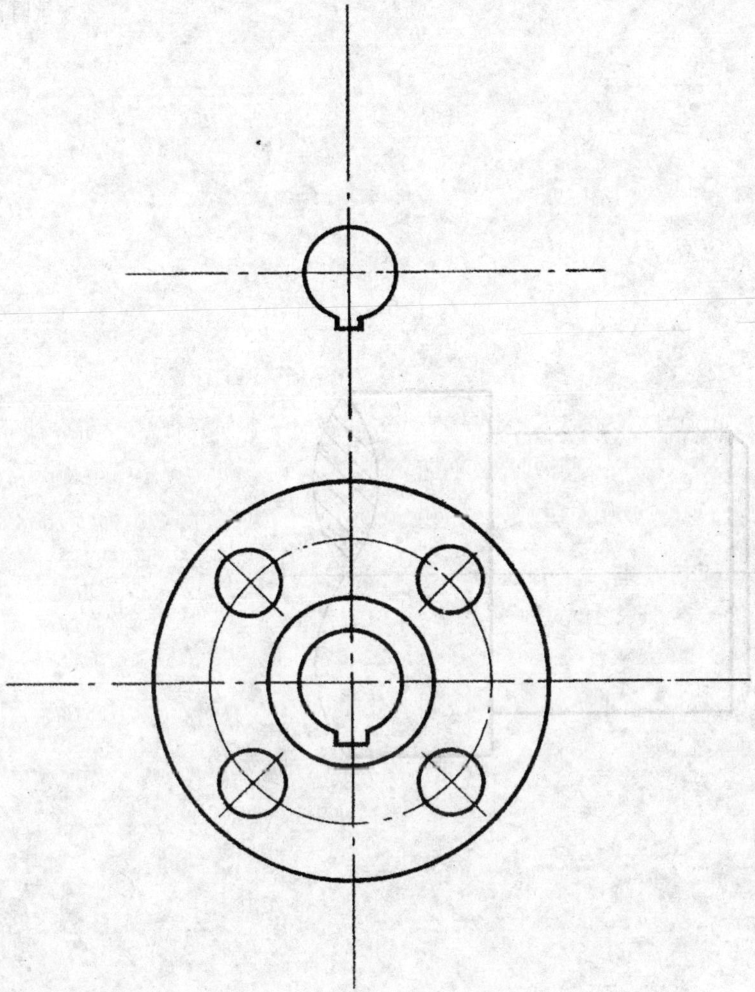

1.用简化画法画出6206轴承（右端面紧靠轴肩）。

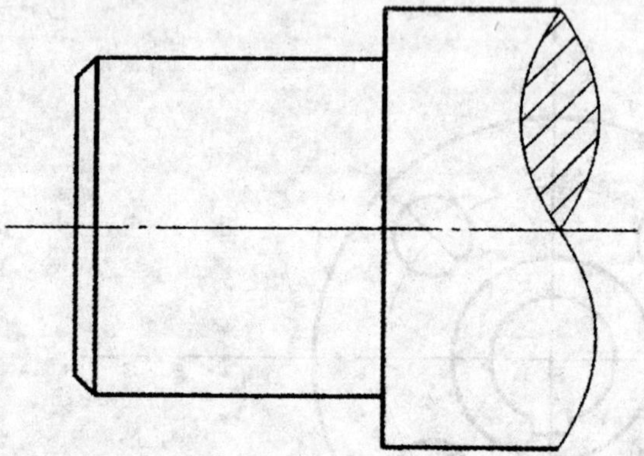

2。已知螺旋压缩弹簧直径 d=4mm，弹簧中径 D_2=25mm,节距 f=11.1mm ,有效圈数 n=5，支承圈 n_0=2.5，右旋，画出弹簧的剖视图。

1. 在轴与轴套的装配图上标注配合尺寸为$\phi 25\frac{H8}{f8}$，试查表计算出偏差数值，并正确地标注在轴和轴套的视图上。

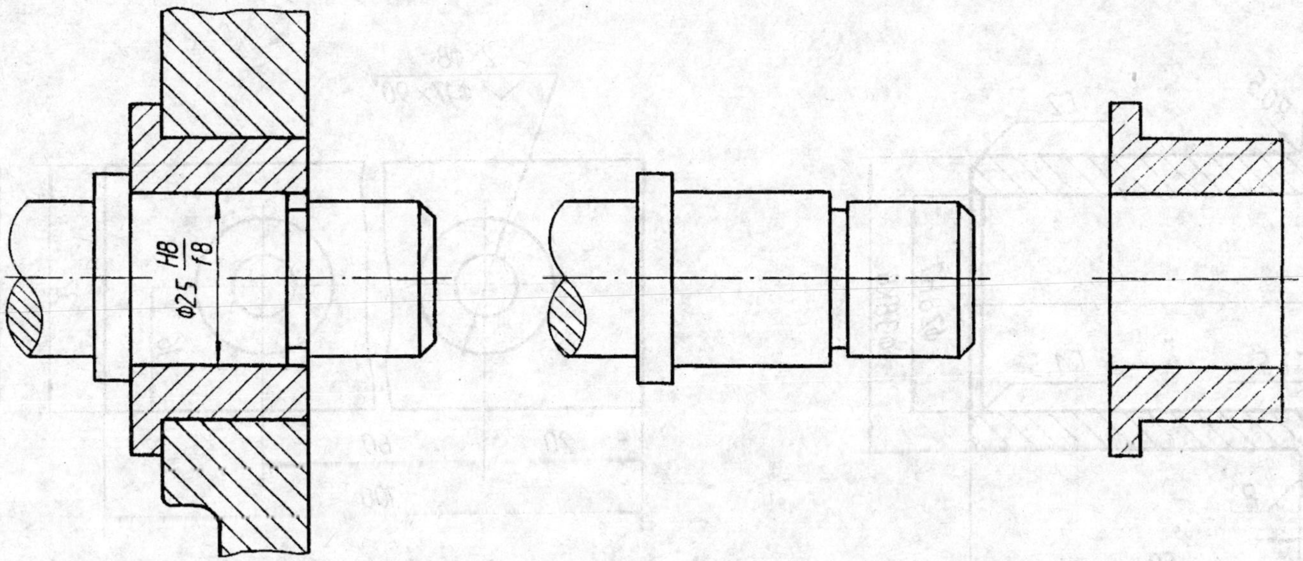

2. 钻模套与座的配合为$\phi 50\frac{H8}{s7}$，试查表计算出偏差数值，并正确地标注在套和座的视图上。

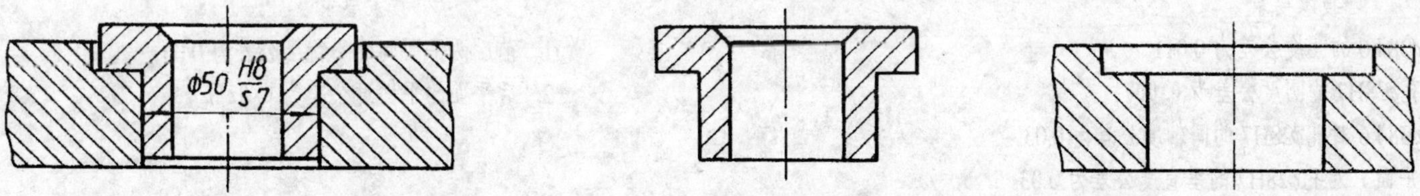

将技术要求中用文字说明的形位公差改用代号标注在图中。

1.

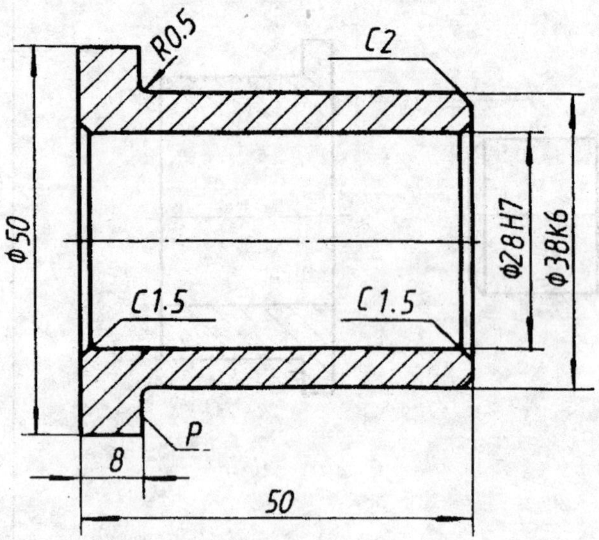

技术要求

1. ϕ38 k6 的圆度公差为 0.011。
2. 孔ϕ28H7 的圆度公差为 0. 009。
3. ϕ38 k6 对孔ϕ28H7 的同轴度公差为 0.03。
4. 平面 P 对孔ϕ28H7 的垂直度公差为 0.03。

2.

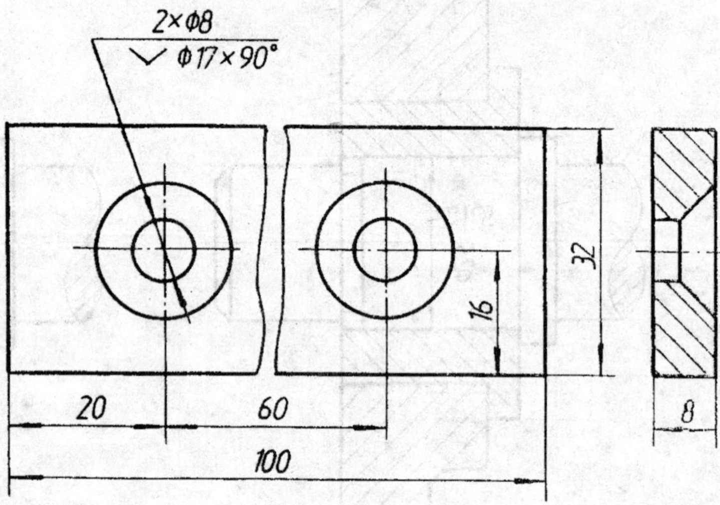

技术要求

1. 前后两平面间的平行度公差为 0.04。
2. 后平面的平面度公差为 0. 025。

1. 看懂零件图，考虑下列问题：(1) 零件上的各部分结构各有什么作用；(2) 为什么用这些视图、断面图表达，有无其他表达方案；(3) 在长、宽、高三方向上，各以哪些面或线作为尺寸基准，哪些尺寸是定位尺寸；(4) 说明图中公差带代号的意义，并查表计算出其上、下偏差数值。

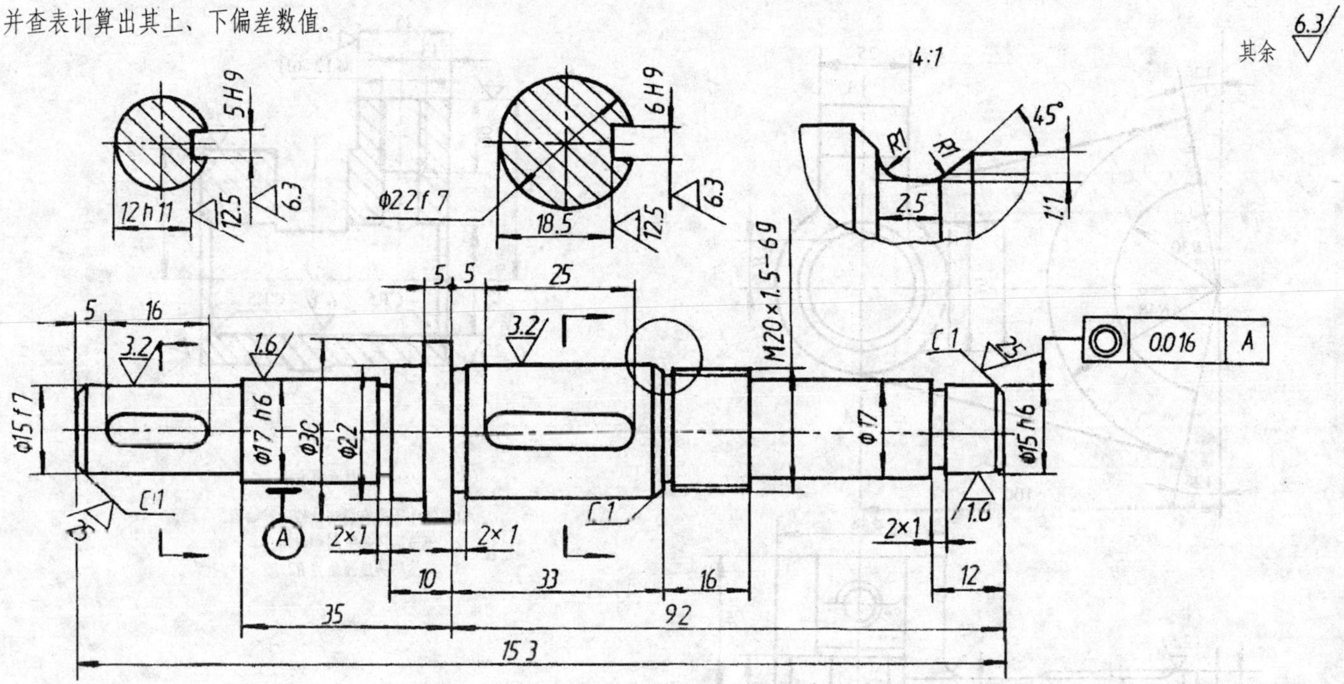

技术要求

调质处理(241~269)HB。

轴				比例	重量	数量
制图			45			
校对						
审核						

2. 看懂零件图，将左视图改为外形图，分析拨叉的基准和尺寸，在图上标出各个方向的尺寸基准。

其余 ▽

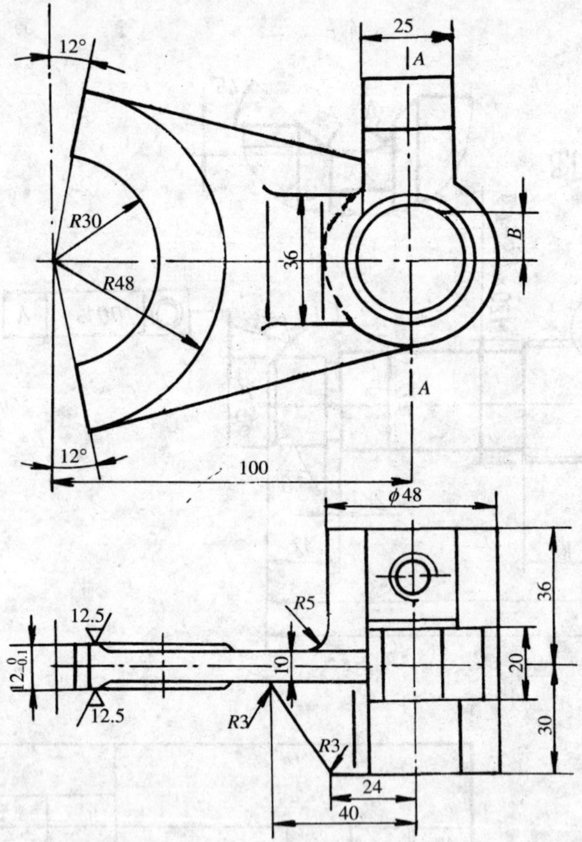

A—A

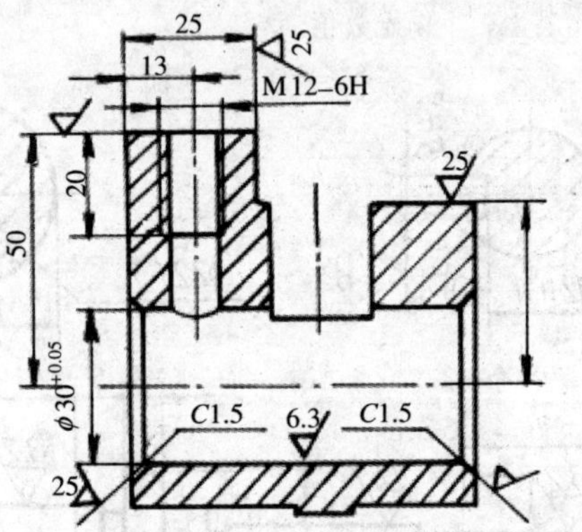

技术要求

1. 铸件不得有裂纹、砂眼等缺陷。
2. 铸造后应去毛刺和锐角。
3. 未注明铸造圆角为 *R*2。

拨　　叉				比例	件数	共　张
				1:1		第　张
制图			HT150			
校对						
审核						

3. 读零件图：

(1) 画出底座左视外形图；　(3) 说明▽及◇√的含义；

(2) 标出长宽高方向尺寸的主要基准；　(4) 说明图中尺寸 φ26 H7 的含义。

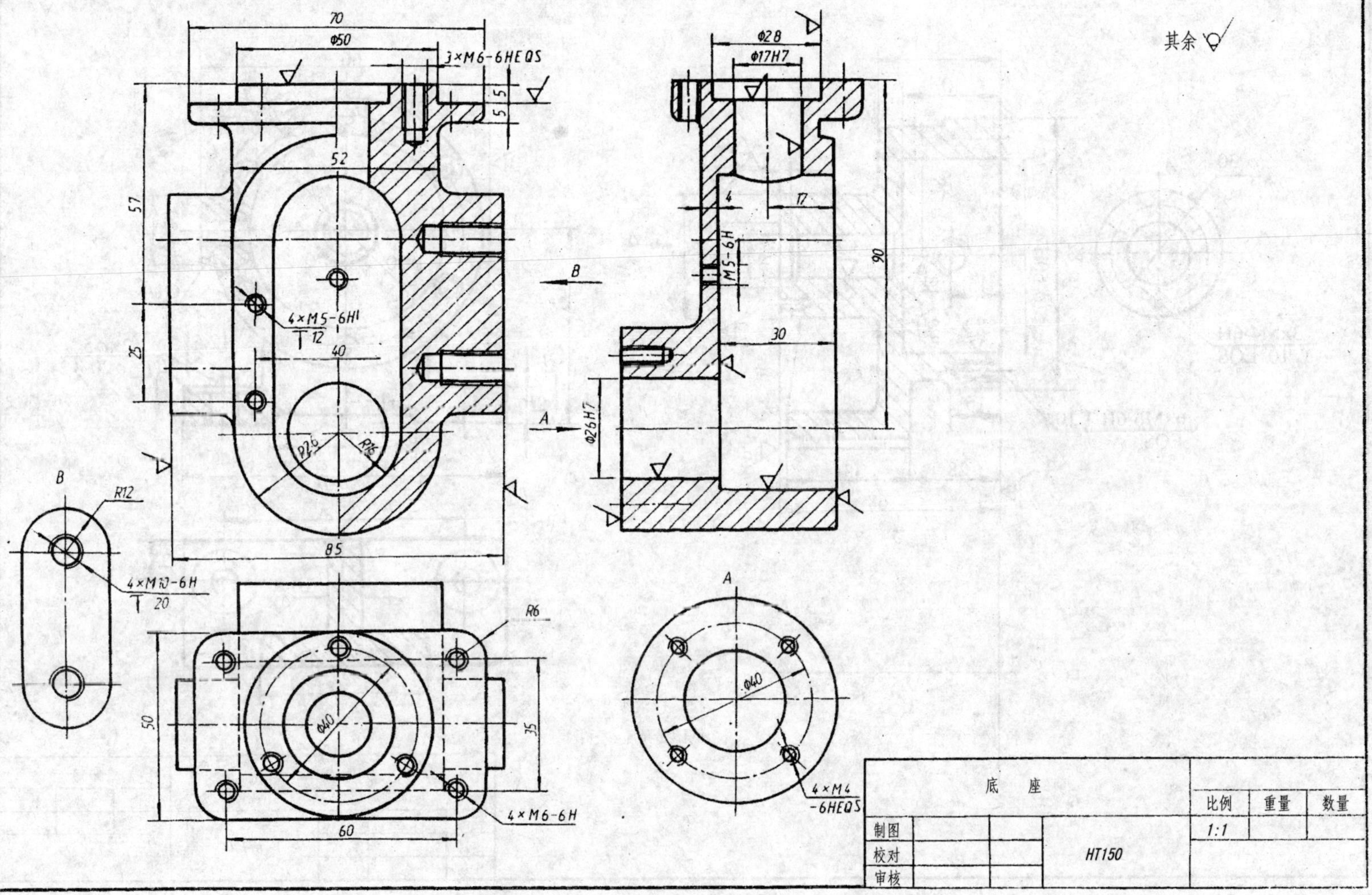

4. 读零件图：(1) 在指定位置画出零件主视外形图；
(2) 标出长、宽、高方向尺寸的主要基准；
(3) 说明 ▽ 及 ▽ 含义；
(4) 说明图中尺寸 ϕ60H7 的含义。

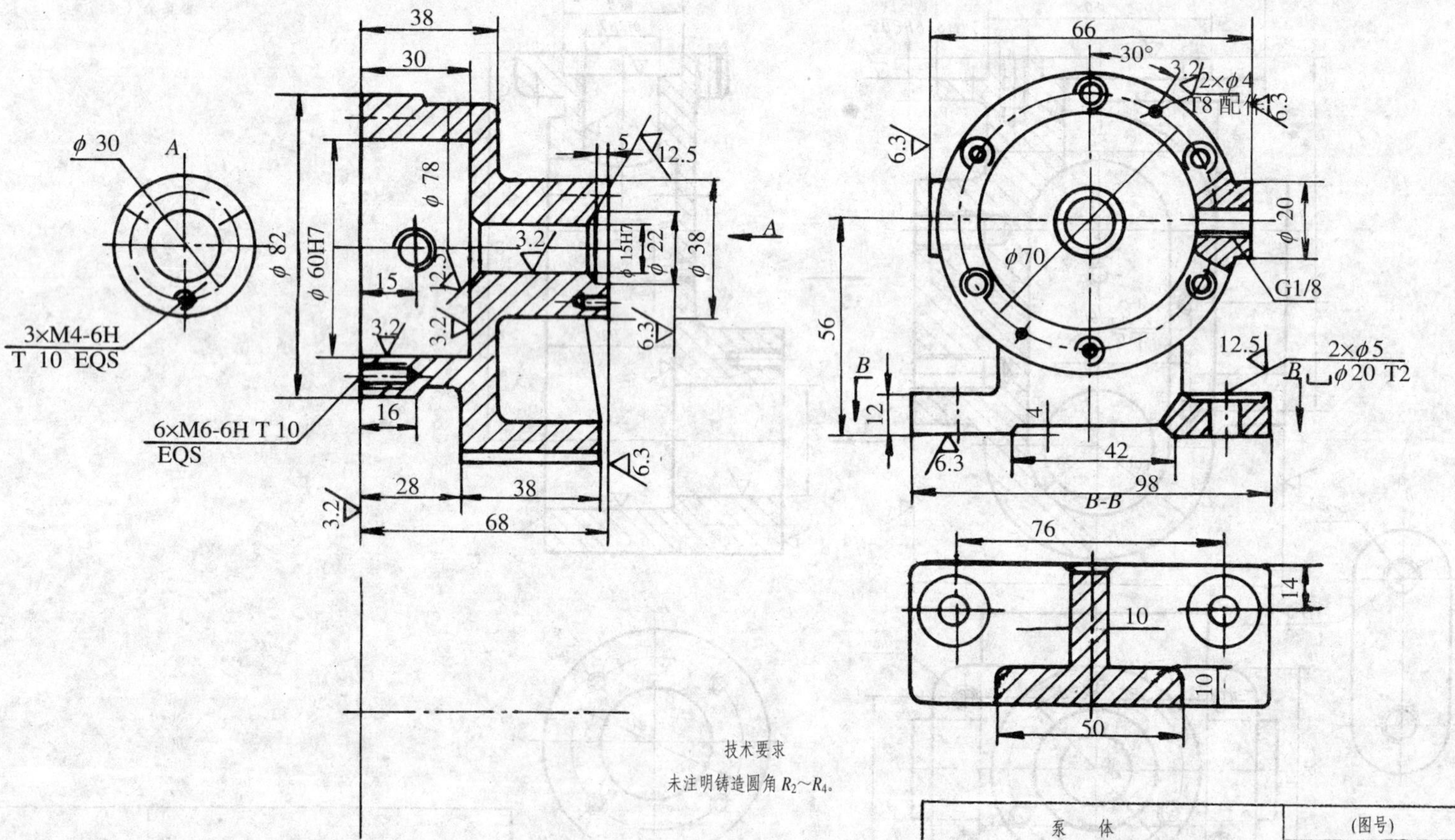

技术要求

未注明铸造圆角 R_2~R_4。

泵　体				(图号)		
				比例	重量	数量
制图			HT150			
校对						
审核						

1. 读旋阀装配图，并回答读图问题。

（1）工作原理：

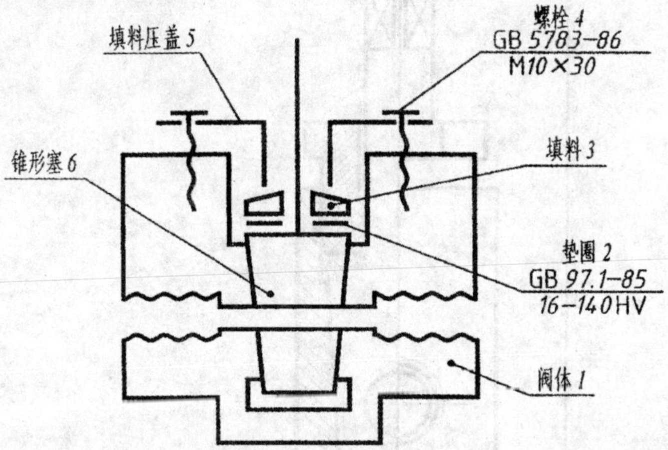

旋阀以阀体1两端的螺纹孔联接于管道上，作为开关装置。其特点是开、关迅速，并可以控制液体流量。图中表示阀处于全开的位置，此时锥形塞6上圆孔的轴线与管道轴线处于同一水平线上。当锥形塞6旋转90°以后，其上圆孔的轴线和管道轴线处于垂直位置，此时管道被锥形塞完全阻断。

为了防止泄漏，在锥形塞上部与阀体之间装有填料（石棉绳）3，并通过螺栓4将填料压盖5压紧。

（2）读图问题：

① 旋阀由______种零件组成，其中标准件有______种。

② 旋阀共用______个视图表示，主视图采用了______________图，左视图采用了______________图。

③ 锥形塞6是实心零件，为表示其上的孔与阀体1上孔的联接关系，采用了______________剖。

④ 分析装配图中的尺寸，其中102是________尺寸，45是________尺寸，131是______尺寸，$\phi 36\frac{H9}{f9}$是零件______和零件______的配合尺寸，它的含义是______________________________。

⑤ 拆画阀体1的零件图。

2.

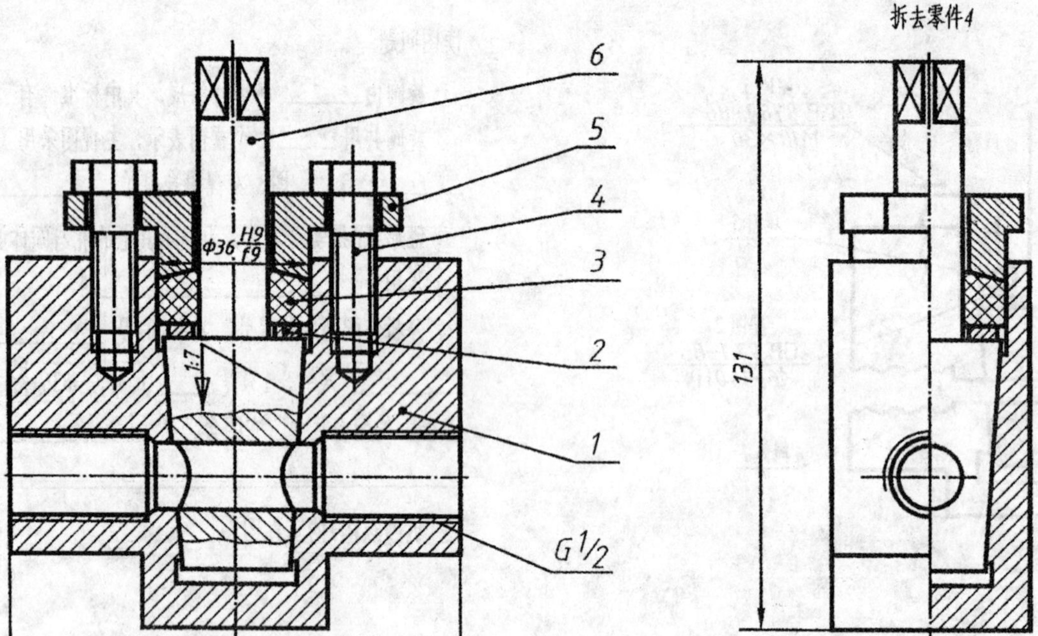

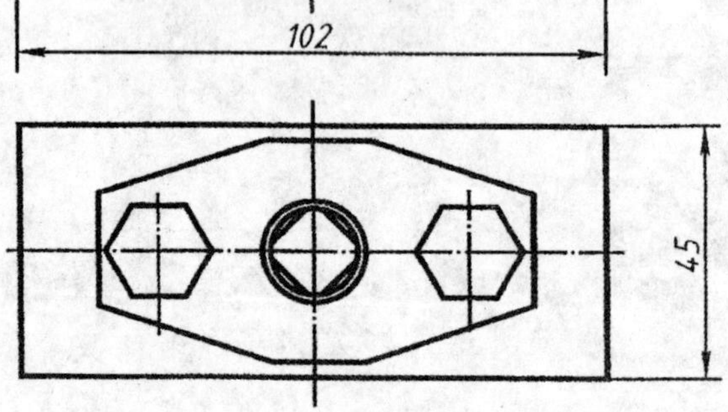

6	锥形塞	1	35	
5	填料压盖	1	35	
4	螺栓 M10×30	2	Q235A	GB/T5783—1986
3	填料	1	石棉绳	
2	垫圈 16	1	30	GB/T97.1—1985
1	阀体	1	35	
序号	名称	数量	材料	备注

旋阀		比例	重量	共 张	（图号）
				第 张	
制图	（日期）	（校名）			
校核	（日期）				

旋塞简要说明：

下图为旋塞的装配示意图，它以螺纹连接于管道上作为开关设备，其特点是开关迅速。图中所示是开的位置，将锥形塞旋转90°即行关闭。为了防止泄漏，在锥形塞与阀体间装进填料，并用压盖压紧，填料（石棉绳）压紧后的高度为15mm。

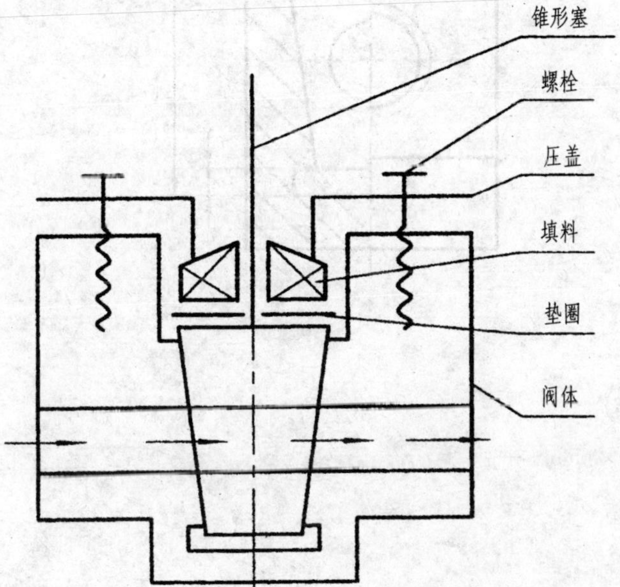

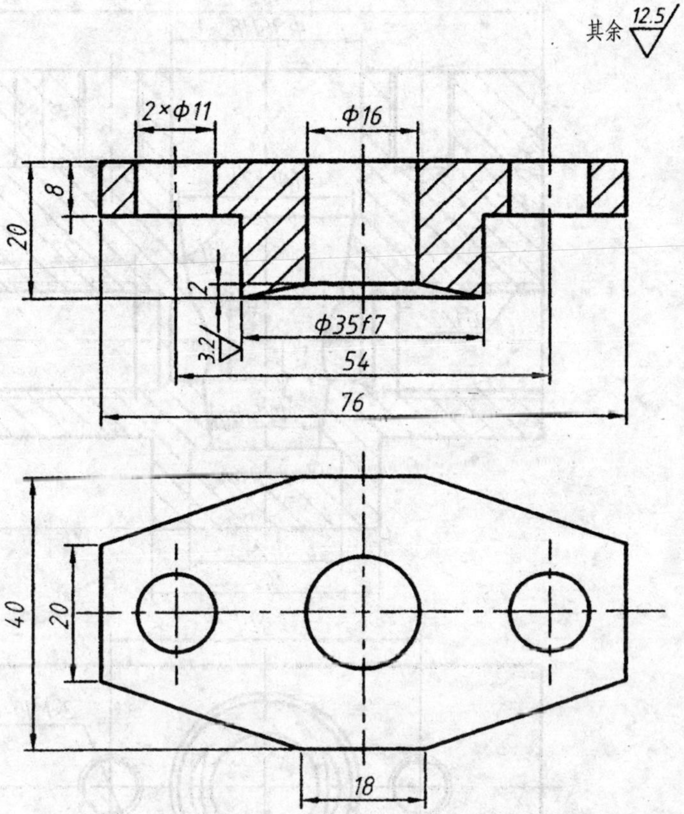

名称	压盖	材料	HT200	数量	1

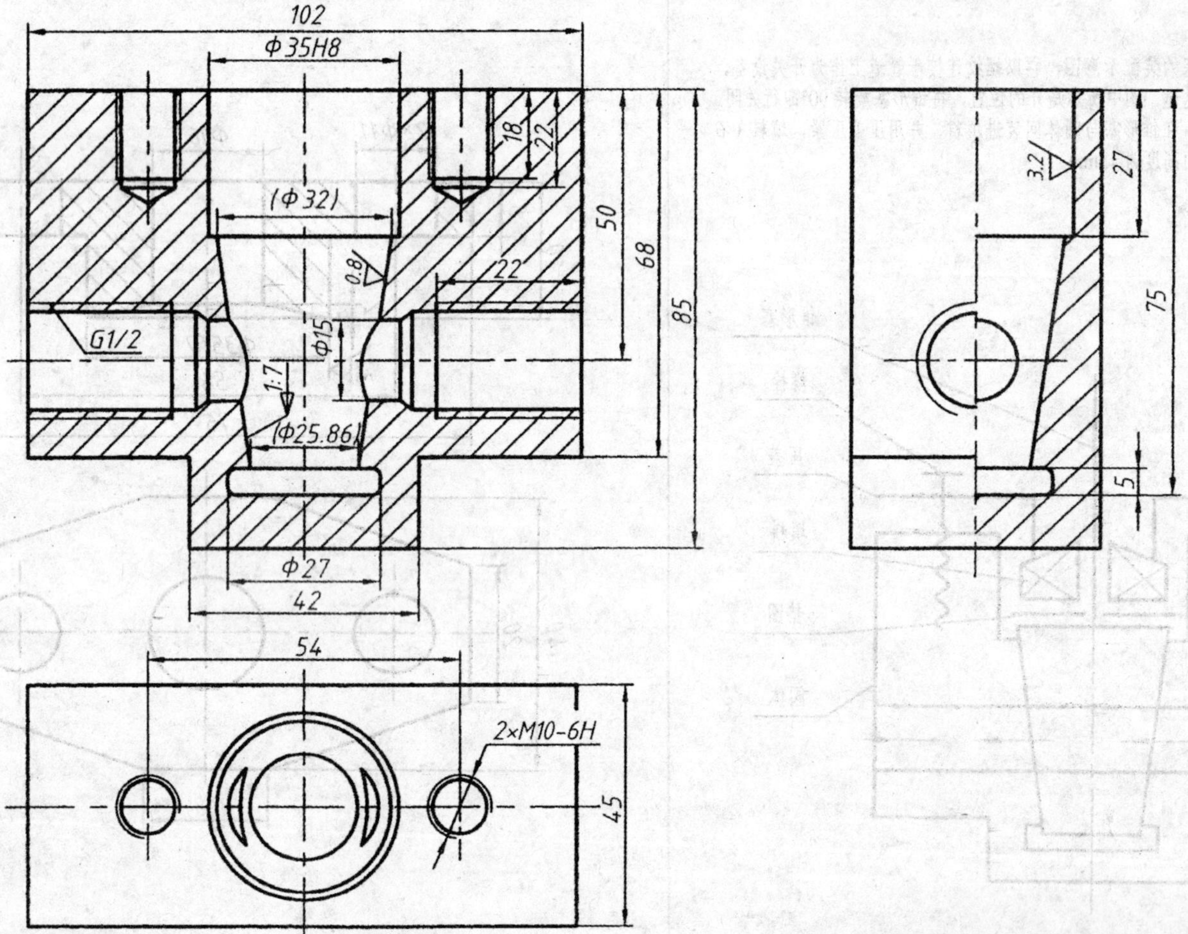

名称	阀体	材料	HT200	数量	1

11-2　根据装配示意图拼画装配图（续）　　　　班级　　　　姓名

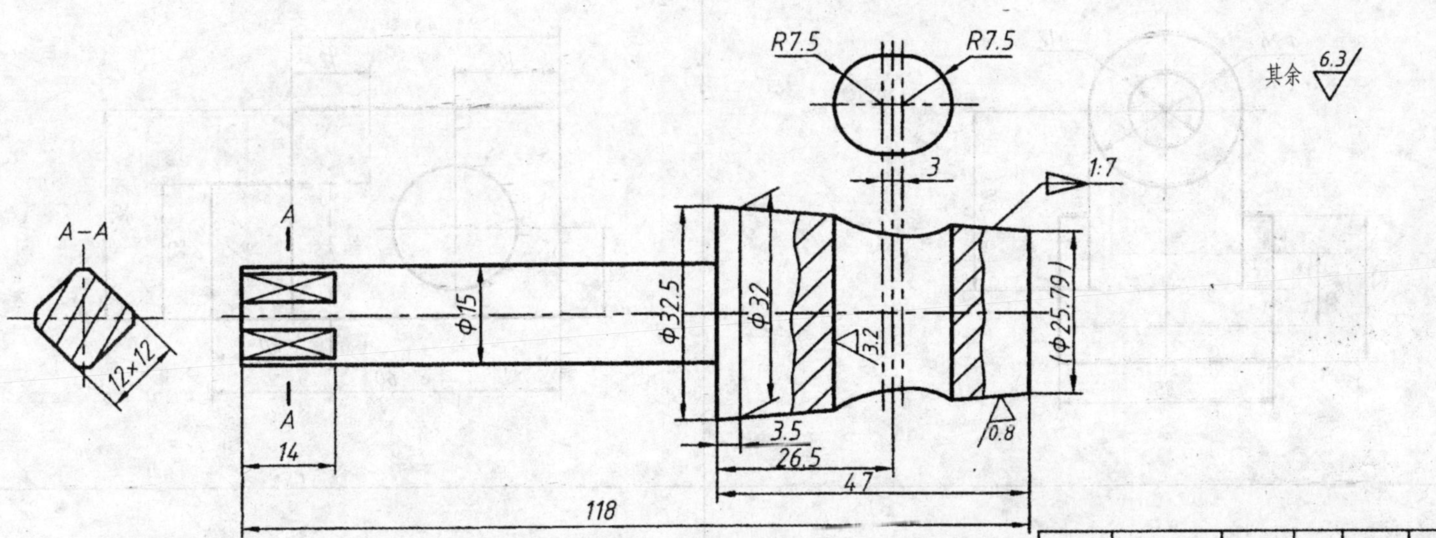

名称	锥形塞	材料	45	数量	1

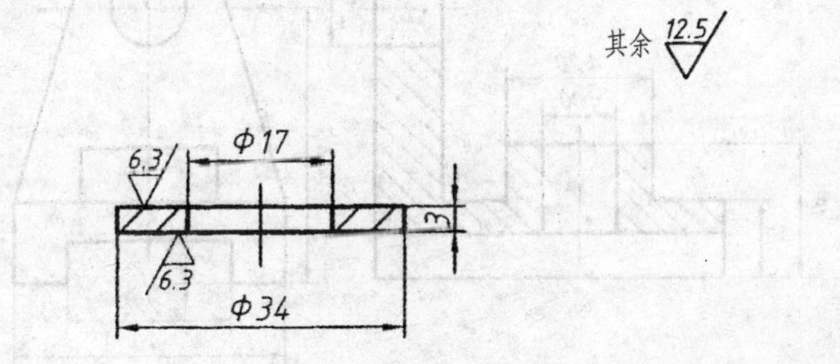

名称	垫圈	材料	45	数量	1

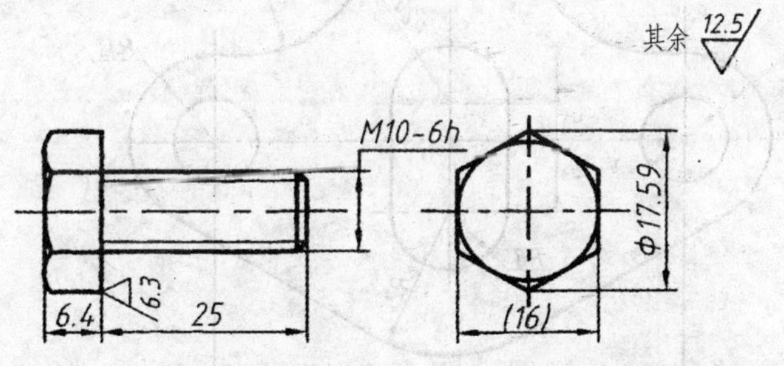

名称	螺栓	数量	2	GB 5780-2000

12-1 计算机绘图　　　　班级　　　　姓名

1.

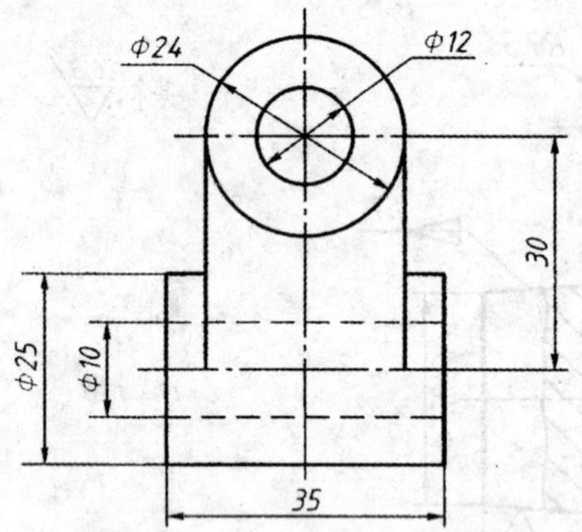

2.

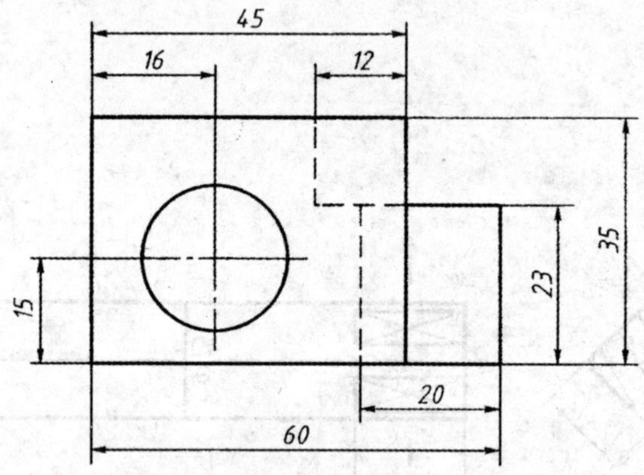

3.

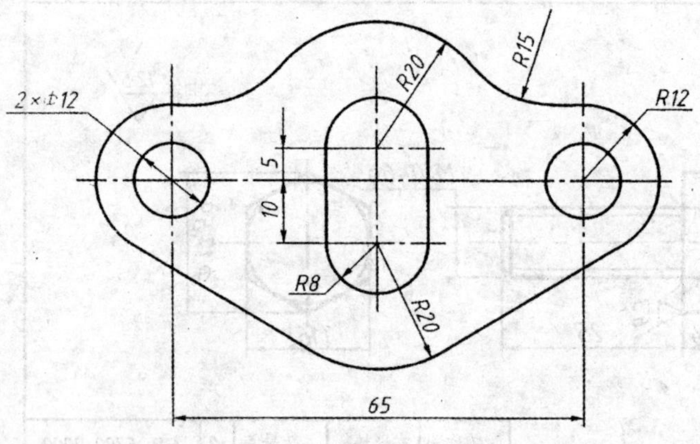

4.

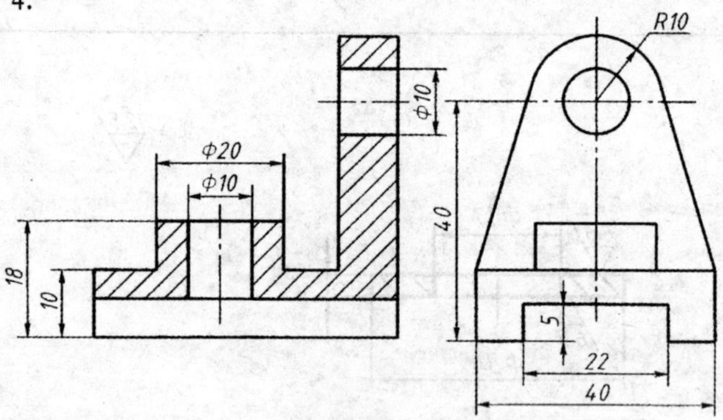